让青春感动所有的人心

人生的首要问题就是人生的意义问题，就是回答我们“为什么要活着”这一问题。莎士比亚在他的悲剧《哈姆雷特》中提出并回答了这个问题，这就是著名的“哈姆雷特独白”。

人生是一个自我实现的历程。自我实现是人的需要与能力的内在矛盾的展开。自我实现，第一是“我要……”；第二是“我能……”。

爱情不是指向一个任意的异性，而是指向一个独一无二的对象。爱情是自由的，同时是承担责任的。爱情是人类心灵的火花，没有爱情，就没有文学和艺术，人类的精神生活将变成一片荒漠，一片黑暗……

邓肯是现代舞的创始人，是第一位披头赤脚在舞台上表演的艺术家。她的艺术创新就是将僵化和刻板的古典芭蕾舞转化为建立在自然的节奏和动作之上的现代舞。

在通常情况下，机遇形成一个链条，也就是说，只有抓住第一个机遇，才能抓住第二个机遇，依此类推。反之，失去了第一个机会，也就失去了第二个机会，依此类推。

对于我们每个人而言，任何人或是生人，或是熟人。在我们的一生中，绝大多数的人与我们不发生任何关系，他／她对于我们而言是完全的生人，因为我们他／她的信息为零。

“位我上者，灿烂星空；道德律令，在我心中。”我们只有按照心中的道德律令修养，才能达到人生的至高境界——“灿烂星空”。

青春就是真理

生命走出晦暗之境敞开自身

程广云／夏年喜｜著

我们把具有最大强度和能量的生命状态称之为青春。每一个人都有自己的青春年华，但是并非同等具有这一生命状态。

中国青年出版社

图书在版编目（C I P）数据

青春就是真理：走出生命晦暗之境敞开自身/程广云，夏年喜著．
—北京：中国青年出版社，2013．9

ISBN 978-7-5153-1912-4

Ⅰ．①青… Ⅱ．①程…②夏… Ⅲ．①人生哲学—青年读物
Ⅳ．①B821—49

中国版本图书馆CIP数据核字（2013）第216209号

责任编辑：彭明榜
剪纸插图：徐霄
书籍设计：孙初＋林业

中国青年出版社 出版 发行
社址：北京东四12条21号
邮政编码：100708
网址：www.cyp.com.cn
编辑部电话：（010）57350506
门市部电话：（010）57350370
三河市世纪兴源印刷有限公司印刷　　新华书店经销

700mm×1000mm　1/16　12.25印张　127千字
2013年10月北京第1版　2013年10月河北第1次印刷
印数：0001——5000册
定价：28.00元

本书如有印装质量问题，请凭购书发票与质检部联系调换
联系电话：（010）57350377

目 录

创业成就伟大。然而，任何一种伟大都没有终结真理，都只是开辟了通往真理的道路。这种伟大建立在平凡劳动和工作的基础上，建立在勤奋和刻苦学习的基础上。

只有在闲暇中，人们才能自由发展；只有在闲暇中，人们才能享受生活。人类若没有闲暇，就没有科学、哲学和艺术乃至整个文化和文明的形成和发展。

亲情，尤其双亲之爱，是每一个人的生命寄托。而人们也总是将天地拟人为“父母”。每当绝境之中，人们就会呼喊天地父母，这就是呼唤人自己的始基与本源。

惟有友谊和类似友谊的亲情、爱情才能升华，成为博爱众生和泛爱万物的优美和崇高感情，达到人类感情至高无上的境界。

爱情是人类心灵的火花，没有爱情，就没有文学和艺术，人类的精神生活将变成一片荒漠，一片黑暗，爱情是唯一滋润这片荒漠的甘泉，是唯一照亮这片黑暗的灯盏。

家是一个令人倍感亲切的寓所。这种亲切的秘密就在于，家不是人类理智已占领的制高点，而是人类感情未开垦的处女地。

开场白

青春是最有活力、最富张力的生命。青春是富有尊严、自由、欢乐的生命。
青春是生命的极致。

年轻的朋友：

人生对于我们来说，宛如一条江河，你在上游，我在下游。你在上游，在源头处，仿佛从雪域高原里流出的一条清澈而又透明的小溪。你刚刚步入青春年华，不懂人情，不谙世故。我在下游，在入海口。我历经沧桑，变得浑浊、宽广而又开阔。在告别青春年华时，我愿意与你在一起，谈一谈青春和人生。

人生就是一个人从生到死的历程。人们总是感慨：人生如梦，如戏，或者如同一次旅行。让我们首先讨论关于人生的这么几个著名比喻吧！或许可以从中透视人生的真谛。

关于人生的第一个比喻——人生如梦。人生如梦如幻，这个比喻的要义就是揭示人生的非实在性。人生就是时间之轴，从过去、现在到未来，不间断地延续。然而，过去，在我们的记忆中总是那么虚幻，去年、上一个月或者昨天，就是刚刚消逝的分分秒秒，都已变得虚无缥缈。至于未来，在我们的期待中又怎样呢？即将来临的分分秒秒，明天、下一个月或者明年又怎样呢？过去曾经存在，但已无影无踪；未来尚未存在，依然扑朔迷离。似乎唯有现在是一个真实的存在，它是由我们当下的感受和体验构成的。但是，在时间之轴上，现在只是一瞬间或者一刹那。唯一的实在就像最小的粒子一样，无法捕捉。正是在这个意义上，古往今来，人们总是感叹人生如梦如幻。人们在睡眠时总会做梦，梦中形象像影子般飘忽，但是，不管美梦，还是噩梦，终有醒来的时刻。相比梦幻的世界，清醒的世界是真实的。假如我们把生当做梦的话，通常我们也会把死当做醒，想象死后世界比生活世界更真实，这是许多宗教和艺术的幻想。如果死后世界比生活世界更虚无，那么人生之梦就没有醒来的时刻了。现在，我们知道并不存在一个死后世界。因此，人生如梦的比喻是不恰当的。

第二个比喻是关于人生如戏的感叹。这个比喻揭示了人生的两个特点：一是角色的随机性，二是规则的约定性。有人说，上帝是这场戏剧的导演；有人说，这场戏剧的导演是命运。其实，在人生的戏剧里，人既是剧作者，又是剧中人；既是演员，又是观众。每一个人由于种种因缘际会，扮演着不同的角色，或为主角，或为配角；或为英雄，或为小丑；或轰轰烈烈地演了五场戏，或匆匆忙忙地扮了一个跑龙套角色。但是不管怎样，任何游戏都有一些规则，这些规则虽然是人们约定的，但对个人而言，却不得不遵守。但是，人生如戏的比喻容易导致一种肤浅的理解，就是以为人生虚幻，我们应当以一种游戏的心态来对待它，而游戏通常又被理解为不负责任、不认真、不严肃。因此，这个比喻同样是一个错误的理解。

第三个比喻认为人生仿佛一次旅行。我们知道，在旅行中，人们无非作为过客，走一走，看一看而已。但是，在人生中，如果我们都是客人，谁又是我们的主人？另外，旅行之后我们可以回家，人生之后我们又回到哪里去？如果我们把死后的世界称之为“家”，那同样是一种幻想。在人生中，我们首先是建设自己家园的主人，然后是观光这个家园的客人。因此，这个比喻也是有缺陷的。

人生是一系列日常生活事件和非常生活事件的总和。在每一事件中，每一个人既可以是当事人，也可以是旁观者。当我们作为当事人的时候，我们就是在生活。绝大多数人在绝大多数状态下都在过日常生活，只有极少数人在极个别状态下过的是非常生活。当我们作为旁观者的时候，我们就是在反思生活。苏格拉底教导人们：“未经省察的人生没有价值。”[①]所谓人生哲学就是对人生的反思，具体地说，人生哲学就是反思人生的意义、价值和态度等等问题。

在讨论人生哲学前，我们首先应当讨论哲学本身。哲学既不是一种知识体系，也不是一种价值体系，而是对一切知识体系和价值体系的反思。所谓反思，就是反复思考，深思，后思，对思想的再思想。一切思想的目的都是为了寻求真理，反思的目的就是为了不断寻求真理。

---

① [古希腊]柏拉图：《游叙弗伦、苏格拉底的申辩、克力同》，严群译，北京：商务印书馆1983年版，第76页。

真理可以分为三个层面：第一个层面是日常真理。所谓日常真理，就是我们通过感性经验所见证的事实。譬如每天早上太阳从东方升起，晚上在西方落下，这是人们通过感性经验所见证的事实。当然这个事实包含着一些约定的语词定义，每一个人都理解并承认“太阳”是指天空那个有热度能发光的遥远而又巨大的物体。“早上”和“晚上”是时间区位的约定，“东方”和“西方”是空间方位的约定。在这样一些约定条件下，太阳早上从东方升起晚上在西方落下，是一个不可辩驳的日常真理。第二个层面是科学真理。比日常真理更高级的是科学真理。比如，虽然我们直观太阳东升西落，但是若我们猜测太阳绕着地球旋转，则属于谬误。科学真理大多与我们的感性经验，甚至我们的宗教信仰相背离。不是太阳绕地球转，而是地球绕太阳转，太阳并不是宇宙的中心。科学真理是通过理性把握的，但却是建立在实验的基础上，甚至通过数学的形式，最终在感性的经验中得到确证。第三个层面是生命真理。比科学真理更高级的是生命真理。科学真理虽然比日常真理更高级，但这种理性的真理和感性的真理一样，也是事实真理。只是感性的真理揭示事实的现象，而理性的真理则揭示事实的本质。然而，比事实真理更高级的是价值真理。比如科学揭示了核秘密，根据核物理科学和技术我们研发并制造了原子弹，用于核战争，但核战争却可以毁灭人类，甚至毁灭地球生态系统，因此限制和禁止核武器的开发和使用就成为一种价值真理。它是科学真理所必须服从的。没有什么东西比生命更宝贵，正是在这个意义上，生命真理至高无上。

凡荣耀生命的就是真理，反之就是谬误。然而，生命具有不同状态——不同的生理状态和心理状态，表明生命的能量是有大小之分、强弱之别的。我们把具有最大强度和能量的生命状态称之为“青春”。

“青春”这一词在日常语言中的用法，是指谓青年人天然应有的生命状态。每一个人都有他/她的青春年华，但是并非同等具有这一生命状态。有人未老先衰，有人返老还童，有人青春早逝，有人青春永驻，诸如此类。这一生命状态并非仅仅指生理上的，而是同时指心理以及思想意识上的。最后，每个民族、国家以及整个人类、世界都有它的青春时期。

青春是最有活力、最富张力的生命。青春是富有尊严、自由、欢乐的生命。青春是生命的极致。

哲学若要摆脱它的老气、死气，就要关注生命、关注青春。从青年人天然应有的这一生命状态中，我们可以抽象出几项基本原则，上升到哲学高度。我们将这样几项基本原则称为“青春化原则”。当然，人们不是按照原则生活，而是原则只有从生活中才能得到阐释。

第一项基本原则可称为“简单性原则”。哲学的本性是从多中求一，如始基、本原和赫拉克利特的逻各斯等，亦称为“一元性原则”——“一切即一”。简单性就意味着反对复杂性，如同“奥卡姆剃刀”反对烦琐哲学——“如无必要，勿增实体”。作为生命本身的基本原则，简单性原则就是思维经济原则、行为经济原则。复杂是生命处于衰竭状态的标志，简单是生命处于旺盛状态的标志。但真正的简单却并非浅薄而是深刻。第二项基本原则可称为“纯洁性原则”。孔子之道“一以贯之”，亦称为“一贯性原则”——“一即一切”。纯洁性原则同样是生命本身的基本原则。无论在思维中，还是在行为中，纯洁性原则都反对两边倒。始终如一、坚贞不二是生命旺盛的标志，犹豫不决、动摇不定是生命衰竭的标志。第三项基本原则可称为“独立性原则”。这是个体性原则。个性的强弱在一定程度上也意味着生命的强弱。第四项基本原则可称为“创造性原则”。这是主体性原则。生命在于创造。创造的真谛是创新、原创。生命的创造性就意味着反对机械的重复性。重复是生命的敌人。

前两项基本原则可合称为“单纯性原则”，后两项基本原则可合称为“独创性原则”。单纯性和独创性是青年人的本然生命状态，作为青春化原则，是人类生命力的集中表现。我们以这些原则为尺度，可以测量一个人生命的力度和紧张，从而衡量一个人生命的意义和价值。

按照海德格尔的说法，这意味着：生命走出晦暗之境，敞开自身，步入澄明之境。仿佛太阳越过地平线，阳光撒满林中路，生命的蓓蕾绽出，青春的花朵开放。青春是生命的去蔽。在海德格尔意义上，真理就是无蔽。正是在这个意义上，年轻的朋友，我们说：青春就是真理。

当代中国诗人海子在他的《太阳·七部书》最后一篇“太阳·弥赛亚”（“大合唱：献给曙光女神　献给青春的诗”）中宣告了青春的降临：

青春迎面走来
成为我和大地
开天劈地
世界必然破碎

青春迎面走来
世界必然破碎
天堂欢聚一堂又骤然分开
齐声欢呼　青春　青春
青春迎面走来
成为我和世界

天地突然获得青春
这秘密传遍世界，获得世界
也将世界猛的劈开
天堂的烈火，长出了人形
这是青春　依然坐在大火中

一轮巨斧劈开
世界碎成千万
手中突然获得
曙光是谁的天才

先是幻象千万

后是真理唯一

青春就是真理

青春就是刀锋

石头围住天空

青春降临大地

如此单纯 ①

---

① 《海子诗全集》，西川编，北京：作家出版社2009年版，第955～956页。

谈意义：生存还是毁灭

如同射箭，在弓与弦的张力中，正中靶心一样，
人生是在生与死的张力中自我实现的历程。

人生的首要问题就是人生的意义问题，就是回答我们“为什么要活着”这一问题。莎士比亚在他的悲剧《哈姆雷特》中提出并回答了这个问题，这就是著名的“哈姆雷特独白”：

生存还是毁灭，这是一个值得考虑的问题；默然忍受命运的暴虐的毒箭，或是挺身反抗人世的无涯的苦难，通过斗争把它们扫清，这两种行为，哪一种更高贵？死了；睡着了；什么都完了；要是在这一种睡眠之中，我们心头的创痛，以及其他无数血肉之躯所不能避免的打击，都可以从此消失，那正是我们求之不得的结局。死了；睡着了；睡着了也许还会做梦；嗯，阻碍就在这儿：因为当我们摆脱了这一具朽腐的皮囊以后，在那死的睡眠里，究竟将要做些什么梦，那不能不使我们踌躇顾虑。人们甘心久困于患难之中，也就是为了这个缘故；谁愿意忍受人世的鞭挞和讥嘲、压迫者的凌辱、傲慢者的冷眼、被轻蔑的爱情的惨痛、法律的迁延、官吏的横暴和费尽

辛勤所换来的小人的鄙视，要是他只要用一柄小小的刀子，就可以清算他自己的一生？谁愿意负着这样的重担，在烦劳的生命的压迫下呻吟流汗，倘不是因为惧怕不可知的死后，惧怕那从来不曾有一个旅人回来过的神秘之国，是它迷惑了我们的意志，使我们宁愿忍受目前的磨折，不敢向我们所不知道的痛苦飞去？这样，重重的顾虑使我们全变成了懦夫，决心的赤热的光彩，被审慎的思维盖上了一层灰色，伟大的事业在这一种考虑之下，也会逆流而退，失去了行动的意义。①

哈姆雷特这段著名独白所围绕的中心问题（“生存还是毁灭，To be,or no to be”）就是人生意义问题。按照英文原文，“To be,or not to be”的意思是“存在，或不存在”“是，或不是”，著名翻译家朱生豪将其翻译为更具文学色彩的表述——“生存还是毁灭”，通俗地说，就是“生还是死”。每一个人终其一生都在考虑这样一个问题。人不仅要活着，而且要作为人活着。正是基于这一考虑，莎士比亚为哈姆雷特设计了两个选项，一是选择“默然忍受命运的暴虐的毒箭”，二是选择“挺身反抗人世的无涯的苦难，通过斗争把它们扫清”。

第一个选项的关键词是“忍受”，忍受就是容忍，接受，百忍成金，逆来顺受，服从命运的支配和安排。“命”有注定

① 《莎士比亚全集》第9卷，朱生豪译，北京：人民文学出版社1978年版，第63～64页。

的意味，是内在必然的趋势；“运”有变动的意味，是外在偶然的干扰。在这个意义上，“忍受命运”的确切含义是忍受必然性的趋势，而对于偶然性的干扰，则可以通过自身努力，将不利因素最小化，将有利因素最大化。当然，这种必然性和偶然性的划分是相对的。譬如：一个人在健康或正常状态的时候，应当锻炼身体，调节心态，防止疾病，保持健康，注意安全，防范灾难。而当一个人身患绝症或遭遇绝境的时候，则死亡对他/她就从一种现实的偶然转化为现实的必然（死亡对于任何人来说，在抽象意义上都是必然的）。在这种情况下，我们对于疾病、灾难和死亡，应当采取明智的忍受的态度。因此，关键不在于命运对我们的支配（安排），而在于我们对命运的态度。

第二个选项的关键词是“反抗”“斗争”。如果忍受是我们面对必然性的一种合适的选择，那么反抗（斗争）也就是我们面临偶然性的一种合理的选择，因为必然性是人力不可改变的，而偶然性则是人为可以改变的。如果一个人连偶然性都能忍受，那就是一种过于消极、被动的人生；反之，如果一个人连必然性也要反抗（斗争），那就是一种过于非理性、反理性的人生。

许多人以为莎士比亚给出的这样两个选项是不相容的，其实二者是可以兼容的，因为基于对于命运的必然和偶然的两个不同面向的反映，我们可以同时选择适当的忍受和合理的反抗（斗争）。到底应该做出何种选择？莎士比亚给出的选择依据是：哪一种行为更高贵？高贵乃是一种贵族精神——荣誉高于生命，尊严高于一切。我们需要注意的是，莎士比亚并没有说忍受一定比反抗（斗争）更高贵，也没有说反抗（斗争）一定比忍受更高贵。哪个选项符合高贵标准，只有通过具体情境才能得到正确判断。我们可以发现，历史上有两类英雄，或是忍受命运的典范，或是反抗命运的榜样，两种行为都同样高贵。但是，任何行为都有一个限度，对暴虐的无原则的忍受，很有可能使我们成为助纣为虐的帮凶；对苦难的无原则的反抗（斗争），亦有可能使我们成为殃及无辜的凶手。莎士比亚认为，由于对死亡的恐惧，任何一种选择都非常困难，正是这种“重重的顾虑”“审慎的思维”阻碍了人们的行动，剥夺了人们的勇气，这也就是莎士比亚所揭示的“哈姆雷特性格”——犹豫不决。

我们面对死亡怎么才能有意义地活着？这个问题历来是困扰人们的一个根本问题，是一切宗教、一切哲学试图解决但（在科学统治一切情况下）又解决不了的一个问题。因为生活是我们切身的感受、体验，而死亡将这一切归于虚无，生命在死亡面前变得毫无意义。这就是笼罩着现代人的虚无主义情绪。在莎士比亚悲剧《麦克白》中有一段著名的“麦克白独白”就表达了这种情绪：

明天，明天，再一个明天，一天接着一天地蹑步前进，直到最后一秒钟的时间；我们所有的昨天，不过替傻子们照亮了到死亡的土壤中去的路。熄灭了吧，熄灭了吧，短促的烛光！人生不过是一个行走的影子，一个在舞台上指手划脚的拙劣的伶人，登场片刻，就在无声无息中悄然退下；它是一个愚人所讲的故事，充满着喧哗和骚动，却找不到一点意义。[①]

人是生命存在物。生命是人的自然本质。要确立人生的意义，首先要理解生命的本质与根源。我们首先考察一下“生命”这一词在日常语言中的用法。我们常说：生命在于运动；时间就是生命。这两句话说的是生命与运动、时间的关联，是人们对于一切生命现象的本质直观：其一，生命在于运动。但生命这一特殊的运动与一般的运动是不同的。生命运动是一般的生物运动。有别的是，生命运动的原动力主要不在外而在内。也就是说，生命内在着一种力（内在活力、张力）——生命力。而人的生命运动则是特殊的生物运动。也就是说，人的生命运动不是自发的生物运动，而是自觉的生物运动。生命不仅是运动的，而且是自动的，具有内在目的。这是生命力与诸如机械力等等之间的区分，至于自动机器（智能机器）归根结底仍然为人类所控制。其二，时间就是生命。生命作为运动在时间中表现自己。时间是一个变化的过程。用黑格尔的思辨哲学的话说，变是有与无之间的对立统一。这就是说，时间既是存在，又是虚无。时间既建构，又解构。而人的时间又尤其是一个流逝、绵延的过程，如意识流。因此，对人来说，生命的感受就是时间的感受，生命的体验就是时间的体验。在科学意

① 《莎士比亚全集》第8卷，朱生豪译，北京：人民文学出版社1978年版，第386～387页。

义上，时间（过去、现在、未来）是一维的、不可逆的。虽然海德格尔的生存哲学构造了曾在、现在、将在的三维可逆时间，但却是诗性（诗化）的。

人生世间，最可怕的不是什么神意、天命，不是什么天灾人祸，而是时间！我们活着，活下去，活到底，都有一个大限。时间老人迈着严酷的步伐，时间杀手行使无情的裁判。

生命是在时间中的运动；生命在时间中运动的原动力是生命力。然而，生命力作为一种力量是如何被赋予的呢？

我们可以从一个日常生活事例中得到启发。时光如水，生命如流。古今中外，都有这样一些说法。“子在川上曰：逝者如斯夫！不舍昼夜。”[①]赫拉克利特说：“我们不能两次踏进同一条河。”[②]生命是一个流逝、绵延的过程，如意识流。因此以水流来比喻生命应该是人们的共识。众所周知，水若要流下去，就要有所限制。两岸相对，小溪汇入江河，江河汇入大海，海洋仍然是有限的。洪水决堤，蔓延无限，最终消失得无影无踪，复归于绝对虚幻。急流历险，礁石冲浪。当年，毛泽东由此体悟了人生的哲理：“河出潼关，因有太华抵抗，而水力益增其奔猛。风回三峡，因有巫山为隔，而风力益增其怒号。”“大风卷海，波澜纵横，登舟者引以为壮，况生死之大波澜何独不知引以为壮乎！”[③]黑格尔是这样体认人生哲理的：

---

①《论语》“子罕”。

②《西方哲学原著选读》上卷，北京大学哲学系外国哲学史教研室编译，北京：商务印书馆1981年版，第23页。

③《毛泽东早期文稿》，长沙：湖南出版社1990年版，第180～181、198页。

“一个人想要成为真正的人，他必须是一个特定的存在[存在在那里dasein]，为达此目的，他必须限制他自己。凡是厌烦有限的人，决不能达到现实，而只是沉溺于抽象之中，消沉暗淡，以终其身。”①

生与死之间的张力关系归根结底是人类基本生存困境的反映。所谓人类基本生存困境是指生与死之间的矛盾、两难和悖论。正是从这种困境中，人类获得一种基本生存本能：人类总要从暂时中寻求永恒，从有限中寻求无限，从相对中寻求绝对，从有死中寻求永生。唯其如此，才能有所依赖，有所归属，有所寄托，有所追求。人类总要确定生存的意义、价值、目的。唯其如此，才能具有生活的信念、理想、希望。正是从这种本能中，人类获得一种基本实践本性：从表象世界到本体王国，超越生活世界，建立精神家园。

首先应当明确的一点是，如同任何一座建筑都是将它的基础安置于大地之中一样，人类建立精神家园的唯一基本方式是将有限安置于无限之中。刘小枫以“有限与无限的矛盾”为“诗化哲学”的中心问题。他以诗化的语言提出了这一问题：“终有一死的人，在这白日朗照、黑夜漫漫的世界中究竟从何而来，又要去往何处，为何去往？有限的生命究竟如何寻得超越，又在哪里寻得灵魂的归依？”“有限的、夜露销残一般的个体生命如何寻得自身的生存价值和意义，如何超逾有限与无

① [德]黑格尔：《小逻辑》，贺麟译，北京：商务印书馆1980年版，第204～205页。

限的对立去把握着超时间的永恒的美的瞬间。”[①]刘小枫将精神意向划分为“历史理性”“生命激情”“审美主义”“宗教情怀”“虚无主义”。正如刘小枫指出，审美主义（“逍遥”心态）与宗教情怀（“拯救”意识）是中西方两大文化传统的基本主题。[②]而虚无主义则是现代文化的基本主题。

生命的力度就在于它的限度。有限是有力的表现，而无限则是无力的表现。生命的限度就在于它的一系列负面的表现、一系列否定的表现——生理和心理的疾病、自然和社会的灾难，诸如此类。生命的最终限度就在于死亡。所有的生物都有死亡，只有人才意识到死亡。这一点具有至关紧要的意义。死亡是一个哲学的问题，尤其是一个生命哲学的问题。从苏格拉底到海德格尔，哲学家们反复诉说着死亡的主题——“学习哲学就是学习死亡”。在某种意义上，死亡的确是生命的秘密所在。

死亡对于生命的意义和价值充分表现在海德格尔关于“向死亡存在”和“先行到死亡”的观点中。海德格尔将人的存在领会为“此在”亦即在此存在。海德格尔的习惯表述是“终有一死的人”。对于海德格尔来说，死亡是此在存在或者存在在此的关键：“任谁也不能从他人那里取走他的死。……每一此在向来都必须自己接受自己的死。只要‘死亡’存在，它依其

---

① 刘小枫：《诗化哲学——德国浪漫美学传统》，济南：山东文艺出版社1986年版，第6、11页。

② 参见刘小枫：《拯救与逍遥——中西方诗人对世界的不同态度》，上海：上海人民出版社1988年版，第82页。

本质就向来是我自己的死亡。死亡确乎意味着一种独特的存在之可能性：在死亡中，关键完完全全就是向来是自己的此在的存在。死显现出：死亡在存在论上是由向来我属性与生存组建起来的。”海德格尔提出了“整个生存论存在论的死亡概念”：“死亡作为此在的终结乃是此在最本己的、无所关联的、确知的、而作为其本身则不确定的、超不过的可能性。死亡作为此在的终结存在在这一存在者向其终结的存在之中。”[①]此在只有“向死亡存在”才能存在，并且只有“先行到死亡”才能存在。死亡是不能由他人来替换自己的事件。换句话说，死亡使人获得成为自身的必要和充分条件。

对于海德格尔这一观点，萨特是持有不同甚至相反见解的。萨特认为，死亡是生命意义的解构，生命建构它自己的意义：“既然死不是在我们的自由的基础上出现的，它只能将全部意义都从生命中去掉。……死永远不是将其意义给予生命的那种东西：相反，它正是原则上把一切意义从生命那里去掉的东西。”“生命决定它自己的意义，因为它总是延期的，它本质上拥有一种自我批评的能力和自我变化的能力，这种能力使得它被定义为‘尚未’，或者如果人们愿意，可以说它是它所是的东西的变化。”[②]死亡是既成的，是“自在的存在”，是“本质先于存在”（“是其所是，不是其所不是”）；生命是

① [德]马丁·海德格尔：《存在与时间》，陈嘉映、王庆节合译，北京：三联书店1987年版，第288～289、310页。

② [法]让-保尔·萨特：《存在与虚无》，陈宣良等译，北京：三联书店1987年版，第689～690、695页。

未成的，是“自为的存在”，是“存在先于本质”（“是其所不是，不是其所是”）。因此我们既不能向往死亡，也不能等待死亡，更不能把自己武装起来对抗死亡，而要置死亡于不顾。这样，人才能承担作为人的责任，自由地生活。

死亡究竟是在建构生命的意义，抑或是在解构生命的意义？——萨特与海德格尔的这一争论，各有各的道理。

从表面说，死亡是对于生命的最终否定，是生命的意义和价值的解构。正是在这一意义上，人们总是向往永生，追求不朽。但是试问：人类不死，世界将会怎样？

波伏瓦在小说《人都是要死的》中以存在主义方式回答了这一问题。在小说中，不死的人福斯卡的命运比一切有死的人更悲惨。没有死亡，也就没有眼泪，没有微笑，没有等待和担忧；不死的人不在乎一切，也就无所谓吝啬或慷慨、勇敢或胆怯、恶意或善良；没有死亡，也就不会感动自己，感动他人。这是什么人生？——这是生不如死！福斯卡的生命和人类的历史一样，循环往复，没完没了。他的命运证明了“不死是一种天罚”，证明了“基督要惩罚当面嘲笑他的那个犹太人时，他就是判他永远活下去”。福斯卡总结说：“这需要很多力量，很多傲气，或者很多爱，才相信人的行动是有价值的，相信生命胜过死亡。”[①]但是，正是由于不死，他丧失了“力量、傲气和爱”，从而也就在根本上失去了生命的意义和价值。不死比

① [法]西蒙娜·德·波伏瓦：《人都是要死的》，马振骋译，北京：外国文学出版社1985年版，第103、127、85页。

有死更接近于死亡本身。

生命的力度是被它的限度赋予的，只要懂得这一道理，我们就会懂得，从深层说，死亡是对于生命的真正肯定，是生命的意义和价值的建构。

总之，生就意味着死，这不仅是一个事实真理，而且是一个价值真理。死亡是通过对于生命的否定而实现的对于生命的肯定，是通过对于生命的意义和价值的解构而实现的对于生命的意义和价值的建构。这是真正的生命的辩证法。

生命力是生命存在的本质与根源。这就是说，有力度的生命就是有意义和有价值的生命。相反，无力度的生命就是无意义和无价值的生命。因此，最有力度的生命就是最有意义、最有价值的生命。同时，生命的力度为生命的限度所赋予。而这种限度也就是有限与无限之间的张力。因此，最有力度的生命也是最有限度、最为紧张的生命。如果我们从思辨中回到生活中来，我们可以立刻发现，这种生命状态就是青春！

如同射箭，在弓与弦的张力中，正中靶心一样，人生是在生与死的张力中自我实现的历程。

这仅仅是从生死矛盾对于每一个人而言，若从整个人类生命进程而言，则个人的死亡又铺垫了人类生命进化的道路。鲁迅这样描述“生命的路”：

想到人类的灭亡是一件大寂寞大悲哀的事；然而若干人们的灭亡，却并非寂寞悲哀的事。

生命的路是进步的，总是沿着无限的精神三角形的斜面向上走，什么都阻止他不得。

自然赋与人们的不调和还很多，人们自己萎缩堕落退步的也还很多，然而生命决不因此回头。无论什么黑暗来防范思潮，什么悲惨来袭击社会，什么罪恶来亵渎人道，人类的渴仰完全的潜力，总是踏了这些铁蒺藜向前进。

生命不怕死，在死的面前笑着跳着，跨过了灭亡的人们向前进。

什么是路？就是从没路的地方践踏出来的，从只有荆棘的地方开辟出来的。

以前早有路了，以后也该永远有路。

人类总不会寂寞，因为生命是进步的，是乐天的。[①]

---

①《鲁迅选集》第2卷，北京：人民文学出版社1983年版，第143页。

谈价值：重估一切价值

从常青的生活世界深入到灰色的理论王国，从灰色的理论王国返回到常青的生活世界，我们在这种深入—返回中，既可以永葆生活的乐趣和意味，又可以永葆生活的信念和理想。

人生的价值与意义是一而二、二而一的问题。我们将人生意义问题处理为生与死的矛盾，亦即：面临死亡，生活究竟有无意义？它决定了人们的信念与理想。我们将人生价值问题处理为苦与乐的矛盾，它决定了生活的意味与乐趣，亦即：在生活有意义的前提下，又有多少价值？因此，人生价值问题是以人生意义问题为基础的。有意义的人生使痛苦和灾难变得充实，无意义的人生使欢乐和幸福变得空虚。

尼采主张“重估一切价值”，他说：“重估一切价值：这就是我给人类最高自我觉悟活动的公式，这一活动在我身上已成为血肉和精神了。”①他的未完成著作，正标题为“权力意志”，副标题为“重估一切价值的尝试”。尼采所谓“重估一切价值”的依据是这样一个著名论断——“上帝死了！”

---

① [德]弗里德里希·尼采：《权力意志——重估一切价值的尝试》（附：尼采自述《看哪这人！》），张念东、凌素心译，北京：商务印书馆1991年版，第99页。

你们是否听说有个疯子，他在大白天手提灯笼，跑到市场上，一个劲儿地呼喊："我找上帝！我找上帝！"那里恰巧聚集着一群不信上帝的人，于是他招来一阵哄笑。

其中一个问，上帝失踪了吗？另一个问，上帝像小孩迷路了吗？或者他躲起来了？他害怕我们？乘船走了？流亡了？那拨人就如此这般又嚷又笑，乱作一团。

疯子跃入他们之中，瞪着两眼，死死盯着他们看，嚷道："上帝哪儿去了？让我告诉你们吧！是我们把他杀了！是你们和我杀的！咱们大伙儿全是凶手！我们是怎么杀的呢？我们怎能把海水喝干呢？谁给我们海绵，把整个世界擦掉呢？我们把地球从太阳的锁链下解救出来再怎么办呢？地球运动到哪里去呢？我们运动到哪里去呢？离开所有的太阳吗？我们会一直坠落下去吗？向后、向前、向旁侧、全方位地坠落吗？还存在一个上界和下界吗？我们是否会像穿过无穷的虚幻一样而迷路呢？那个空虚的空间是否会向我们呵气呢？现在是不是变冷了？是不是一直是黑夜，更多的黑夜？在白天是否必须点燃灯笼？我们还没有听到埋葬上帝的掘墓人的吵闹吗？我们难道没有闻到上帝的腐臭吗？上帝也会腐臭啊！上帝死了！永远死了！是咱们把他杀死的！我们，最残忍的凶手，如何自慰呢？那个至今拥有整个世界的至圣至强者竟在我们的刀下流血！谁能揩掉我们身上的血迹？用什么水可以清洗我们自身？我们必须发明什么样的赎罪庆典和神圣游戏呢？这伟大的业迹对于我们是否过于伟大？我们自己是否必须变成上帝？以便与这伟大的业绩相称？从未有过比这更伟大的业迹，因此，我们的后代将生活在比至今一切历史都要高尚的历史中！”

疯子说到这里打住了，他举目望听众，听众默然，异样地瞧他。终于，他把灯笼摔在地上，灯破火熄，继而又说：“我来得太早，来得不是时候，这件惊人的大事还在半途上走着哩，它还没有灌进人的耳朵哩。雷电需要时间，星球需要时间，凡大事都需要时间。即使完成了大事，人们听到和看到大事也需要假以时日。这件大事还远着呢！比最远的星球还远，但是，总有一天会大功告成的！”

人们传说，疯子在这一天还闯进各个教堂，并领唱Reguiem aeternam deo（安魂弥撒曲）。他被人带出来，别人问他，他总是说：“教堂若非上帝的陵寝和墓碑，还算什么玩意呢？”①

“上帝死了！”——这是什么意思？自始至终，上帝并不存在于宇宙任何一个时空节点上，我们既不能将上帝想象得如同圣诞老人那样，可以通过经验感知；也不能将上帝理解为如同牛顿定律那样，可以通过理性思维。上帝仅仅存在于人们对他的信仰之中。“上帝死了”，这就是说，人们不再信仰上帝，因为科学已经洗净人们的头脑和五官。人们依靠科学征服了世界，征服了人类自身，而科学则教导人们仅仅相信人类的经验和理性所证明的一切。上帝就是这样死的。

---

① [德]尼采：《快乐的科学》，黄明嘉译，上海：华东师范大学出版社2007年版，第208～210页。

在人类历史上，上帝之死，这是最重大的血案。人类杀害了上帝。凶手的动机何在？尼采认为，人类杀死上帝由于两个基本动机：一是上帝对人类的爱和同情。“连上帝也有自己的地狱：那就是他对人类的爱。”“上帝死于他对人类的同情。”“……是同情把他扼杀的，……上帝看到人类悬挂于十字架上，……上帝并且无法忍受他对人类的爱成了自己的地狱，最后成了他的死亡”；二是上帝全知全能。“上帝看见一切，上帝也看见了人类：这个上帝必定要死去！人类不能容忍这样一个证人活着。”但是，上帝既然全知全能，为何仍然死于人类之手？——正是因为上帝对人类的爱和同情妨碍了他。的确，从犹太教的《旧约》到基督教的《新约》，上帝从性情暴烈与习惯复仇的神变成了性情温和与习惯慈悲的主。“滚吧，这样一个上帝！宁可没有上帝，宁可自己造成自己的命运，宁可成为傻子，宁可自己成为上帝！”[①]

上帝死了。一直以来，人类以为自己因此解放了、启蒙了，成了巨人。拉伯雷创作小说《巨人传》，叙述巨人父子卡冈都亚与庞大固埃的故事。其中，德廉美修道院的规则是：“做你愿意做的事！”[②]充分表达了巨人的生活信条。在莎士比亚悲剧《哈姆雷特》里，有段哈姆雷特独白，史称“人的宣言”：

---

① [德]弗里德里希·尼采：《查拉图斯特拉如是说》，孙周兴译，上海：上海人民出版社2009年版，第112、334、342页。

② [法]拉伯雷：《巨人传》，鲍文蔚译，北京：人民文学出版社1983年版，第183页。

人类是一件多么了不得的杰作！多么高贵的理性！多么伟大的力量！多么优美的仪表！多么文雅的举动！在行为上多么像一个天使！在智慧上多么像一个天神！宇宙的精华！万物的灵长！[1]

人是“宇宙的精华！万物的灵长！”这是人文主义的信念和理想。不是神创造了世界和人，而是人创造了世界和神。荣耀，与其归于神，不如归于人！然而，即使莎士比亚也迷惘了，在“生存与毁灭”的两极中犹豫不决，最终走向虚无。在陀思妥耶夫斯基小说《卡拉马佐夫兄弟》中，伊凡的信条是：“一切都可以允许”“一切都可以做”。[2]

流传着一个古老的神话：从前，希腊一个国王在树林里猎获了酒神的伴护——一个聪明的精灵，国王问道：对人来说，什么是最好最妙的东西？精灵说道：“可怜的浮生呵，无常与苦难之子，你为什么逼我说出你最好不要听到的话呢？那最好的东西是你根本得不到的，这就是不要降生，不要存在，成为虚无。不过对于你还有次好的东西——立刻就死。”[3]尼采用这个故事来说明叔本华的悲观主义，并且与之

---

① 《莎士比亚全集》第9卷，朱生豪译，北京：人民文学出版社1978年版，第49页。

② [俄罗斯]陀思妥耶夫斯基：《卡拉马佐夫兄弟》，耿济之译，北京：人民文学出版社1981年版，第329页。

③《悲剧的诞生（尼采美学文选）》，周国平译，北京：三联书店1986年版，第10～11页。

针锋相对，提出了自己的悲剧主义。叔本华继承、借鉴佛教思想，认为人生无意义，生存意志相互冲突，不得满足，自杀便是解脱。相反，尼采认为，人生的意义恰恰在于它的无意义：好比一个括号，意义等待填充；好比一张白纸，好写最新最美的文字，好画最新最美的图画。悲剧是日神（阿波罗）精神和酒神（狄俄尼索斯）精神，是痛苦的光辉或光辉的痛苦——让痛苦散发出光辉！尼采塑造一个"超人"，他的名字叫做查拉图斯特拉。"上帝死了：现在我们想要——超人活着。""超人是大地的意义！"也就是"人类存在的意义"。[①]尼采宣称，人是什么？——是从猿猴到超人的过渡：一座桥梁、一架阶梯、一根绳子。正像猿猴对于人来说是一块笑料一样，人对于超人来说同样是一块笑料。地球有一层皮，这一层皮有种种病，有一种病叫做"人类"。尼采提出权力意志，认为人有人上人、人中人和人下人，中等人服从上等人，上等人践踏下等人，天经地义。德国法西斯头目希特勒宣称自己是尼采预言的"超人"。历史已经充分证明，这样一种"超人"是人类的巨大灾难。

上帝死了。我们确实登上了至高的高峰，但却面临着至深的深渊——虚无，如同黑洞一样，正在吞噬整个宇宙。于是，紧跟尼采，福柯提出——"人也死了！"

①[德]弗里德里希·尼采：《查拉图斯特拉如是说》，孙周兴译，上海：上海人民出版社2009年版，第368、7、16、336页。

尼采指出，上帝之死不意味着人的出现而意味着人的消亡；人和上帝有着奇特的亲缘关系，他们是双生兄弟同时又彼此为父子；上帝死了，人不可能不同时消亡，而只有丑陋的侏儒留在世上。[①]

在我们今天，并且尼采仍然从远处表明了转折点，已被断言的，并不是上帝的不在场或死亡，而是人的终结（这个细微的、这个难以觉察的间距，这个在同一性形式中的退隐，都使得人的限定性变成了人的终结）；那时，上帝的死亡与末人显得是局部相联系的：难道不是末人宣告自己已杀死了上帝，并由此把自己的语言、思想和笑声置于已死的上帝的空间中，但也把自身呈现为是已杀死上帝的凶手并且其存在包含有这个谋杀的自由和决定吗？这样，末人既比上帝之死要古老，又比上帝之死要年轻；由于末人杀死了上帝，所以，正是末人自身应该对它自己的限定性负责；但正是由于末人是在上帝之死中谈话、思考和生存的，所以，末人的谋杀本身注定是要死亡的；新的、相同的诸神早已使未来的海洋上涨了；人将消失。远非上帝之死——或确切地说，在这个死亡之后并依据一种与该死亡的深刻相关性，尼采的思想所预告的，就是上帝的谋杀者之死；就是人的面目在笑声中爆裂和面具的返回；就是时间的深层之流的散布，人感到自己被这个深层之流带走了，并且人甚至在物的存在中猜想到了它的影响；这是大写的同一的返回

① 《福柯集》，杜小真编选，上海：上海远东出版社2003年版，第80页。

(Retour du Mê me) 与人的绝对散布的等同。①

这里应当澄清一个误解：从“上帝之死”到“人之死”，这一重大历史事件并非仅仅发生于基督教领域内。各个民族都曾有过宗教，有过上帝或者诸神，他们名字不同，形象有异。犹太教和基督教的上帝叫耶和华；伊斯兰教的真主叫安拉；希腊神话有奥林匹斯诸神，其万神之王叫宙斯；印度婆罗门教有三个主神——创造之神婆罗贺摩（梵天）、保护之神毗湿奴和毁灭之神湿婆；中国起初也有宗教偶像——上帝，殷周之际由于人文化、理性化，其人格化面向变身为人文始祖——黄帝，而非人格化面向则还原为上天。在各大民族中，中华民族可能是第一个杀死上帝的民族，以天地祖宗崇拜来取代上帝信仰，世世代代绵延不绝。

即使人们杀死上帝，人们仍然需要超越自身生存的有限性，寻找无限性的存在根据。不过这些存在根据采取了人文化、理性化的图式，如孔子的仁、老子的道、印度婆罗门教的梵、希腊哲学的始基和本原、德谟克里特的原子和虚空、柏拉图的理念和亚里士多德的实体等，它们就是人文化和理性化的上帝替身。彻底的唯物主义者无所畏惧，彻底的虚无主义者无所畏惧。然而，没有上帝，没有来世，人现世的苦难如何补偿？人在世的德行如何回报？——从人生存的根基

① [德]米歇尔·福柯：《词与物——人文科学考古学》，莫伟民译，上海：上海三联书店2001年版，第503～504页。

处，必然发出对上帝的呼喊。而虚无主义则是这种呼喊没有任何回声的反应。

人的生存基于这样一种形上追求：从表象世界到本体王国。人类形上精神是一种寻根究底、追本溯源的精神。正是这样，人们拷问了世界，拷问了人。对于世界，它要达到究竟之极；对于人，它要达到终极关怀。

但是，人类形上精神要求从外在的、杂多的、相互区别的、个别的现象中把握内在的、单一的、自身同一的、一般的本质，就是企图将充满感性光辉的表象世界归结、还原为笼罩理性阴影的本体王国。为了寻求一个对于生活的合理解释，我们以牺牲生活的全部意趣为代价。如此，人类形上精神从丰富、充实走向了贫乏、虚无，从生活走向了死亡。正是这样，从苏格拉底到海德格尔，哲学家们大谈特谈："学习哲学就是学习死亡"！

总之，人类精神的实质正是表象世界与本体王国之间的张力关系。这种精神本身内在张力结构已经蕴含了危机的内在因素。在它的演化过程中，一旦出现了引发危机的某种外来因素，危机就会爆发。从精神危机的这一根源中可知精神危机的本质。精神危机正是双重危机。它是表象世界的丧失和本体王国的同时崩溃，亦即生活乐趣、意味的丧失和生活信念、理想的同时崩溃。

科学危机是精神危机的第一面向。以培根的实证（经验）原则和笛卡尔的普遍怀疑（理性）原则为开端，经验理性得以发展。经验理性要求：只问表象世界，不问本体王国。显然，这是与科学的精神或人类理性的精神相悖的。如同胡塞尔所批评的，这不仅无助于科学，而且无益于人生。“科学观念被实证地简化为纯粹事实的科学。科学的‘危机’表现为科学丧失生活意义。”[①]在历史上，经验理性通过实证——怀疑，自身既限制于表象世界里，又阻碍了朝向本体王国的超越，从而一劳永逸地摧毁了人们辛辛苦苦地建立起来的所有精神家园。在经验理性下，宗教情怀、审美主义是虚妄的，历史理性、生命激情是徒劳的。惟独虚无主义是切实可靠的。这是经验理性通过实证——怀疑，最终达到虚无主义的历史的和逻辑的进程。

伦理危机是精神危机的第二面向。伦理衡量人生的意义和价值，历来就有目的论和义务论的分立。柏拉图、亚里士多德提出以幸福为目的的幸福论——目的论伦理学，将幸福归结为德性，并进一步归结为理性；功利主义的特点是以效用（有用）等价值尺度、快乐（愉快）等情感体验为衡量标准，将幸福归结为效用，并进一步归结为情感；康德从所谓善的意志推导出义务，确立了义务论的伦理学，强调道德行为必须出于义务，而非出于爱好，不是为了幸福，不是为了功利，而是纯粹出自义务，是出自对于道德法则的纯粹敬重。目的论偏向于表象世界，义务论偏向于本体王国。二者各执一端，莫衷一是，从而为非伦理主义、反伦理主义开辟了道路，最终引发伦理危机。

宗教危机是精神危机的第三面向。宗教危机正是“世界的

---

① 参见[德]埃德蒙德·胡塞尔：《欧洲科学危机和超验现象学》，张庆熊译，上海：上海译文出版社1988年版，第5~7页。

祛魅化”。韦伯认为，“世界的祛魅化”亦即世界的理性化和理智化，表现为意义的消解，是我们时代的命运的最主要、最根本的特征。韦伯提出价值中立与责任伦理，认为我们必须承担我们时代的命运——“世界的祛魅化”，以一种价值中立来消解各种价值倾向，而又以一种责任伦理来消解各种心志伦理。①而海德格尔则认为，通过“深思人的居留”，“人诗意地居住在这片大地上”，可以“让上帝与诸神重新出场”。②但这样的“上帝”与“诸神”却是诗意的，与其本来面目相距甚远，世界通过他们“返魅”极其困难。

在现代生活方式中，人切断了自身与自然界、与社会、与其他人的本来关联，成为孤独的原子个人，在无边无际的精神虚空中运行。人们除了自我保存，连生殖欲望都没有。斯宾格勒指出：“这就是文明人类的不育状态。这不是能够像一种简单的因果关系那样好理解的（现代科学十分自然地企图去理解过）；它应被理解为是一种本质上向灭亡的形而上的转折。世界城市中的最后的人类不再希望活下去了——作为一个个别的人，他可能依恋生活，但作为一个类型，作为一种集合体，情形就不一样了，因为这种集体生存的一种特征是，它消除了对死亡的恐怖。那种以严重的、不可解释的恐怖心来打击真正的农民的事物，那种认为家和族可能消灭的看法现在已经失去了

---

① 参见《学术与政治（韦伯作品集Ⅰ）》，钱永祥、林振贤、罗久蓉、简惠美、梁其姿、顾忠华译，桂林：广西师范大学出版社2004年版。

② 参见[德]海德格尔：《路标》，孙周兴译，北京：商务印书馆2000年版，第420、422页。

意义。有形世界中的血统关系的连续已不再是血统的一种任务，作为家系中最后一员的宿命已不再被认为是一种劫数。不再有后裔了，并不是因为不能生育子女了，而主要是因为强度已达高峰的智慧不再能找出要有子女的任何理由了。”[①]福山提出了与霍布斯、洛克、卢梭、黑格尔“最初之人”相对应的“最后之人”。福山指出：“自由民主国家最典型的公民是‘最后之人’，一种由现代自由主义缔造者塑造的人，他把自己的优越感无偿献给舒适的自我保存。自由民主创造了由一种欲望和理性组合而成但却没有抱负的人，这种人经过对长远利益的算计，很巧妙地以一种新的方法满足了一大堆眼前的小小需要。‘最后之人’没有任何获得比他人更伟大的认可的欲望，因此就没有杰出感和成就感。由于完全沉湎于他的幸福而对不能超越这些愿望不会感到任何羞愧，所以，‘最后之人’已经不再是人类了。”[②]其实，造成“最后之人”的并非福山所谓的自由民主，而是现代生活方式。一旦人们采取这种极端物质主义、极端个人主义立场，就会走向虚无——颓废，最后造成精神危机。李泽厚说：“现代社会的特点恰恰是没有也不需要主角和英雄，这个时代正是黑格尔所说的散文时代。所谓散文时代，就是平平淡淡过日子，平凡而琐碎地解决日常生活中

---

① 参见[德]奥斯瓦尔德·斯宾格勒：《西方的没落——世界历史的透视》上册，齐世荣、田农、林传鼎、戚国淦、傅任敢、郝德元译，北京：商务印书馆1963年版，第219页。

② [美]弗朗西斯·福山：《历史的终结及最后之人》，黄胜强、许铭原译，北京：中国社会科学出版社2003年版，“代序”第13页。

的现实问题。没有英雄的壮举，没有浪漫的豪情，这是深刻的历史观。”[①]失去了本体王国，也就失去了生活的信念和理想；表象世界失去了支撑，生活的乐趣和意味也就变成了无聊。一切都是空虚！

但是，正是在“散文时代”里，人们呼唤诗；在“后英雄时代”里，人们呼唤英雄。什么叫做“英雄”？中国古籍解释：“夫草之精秀者为英，兽之特群者为雄。故人之文武茂异，取名于此。是故聪明秀出谓之英，胆力过人谓之雄，此其大体之别名也。……夫聪明者，英之分也，不得雄之胆则说不行；胆力者，雄之分也，不得英之智则事不立。……故英雄异名，然皆偏至之材，人臣之任使也。……故一人之身兼有英雄，乃能役英与雄；能役英与雄，故能成大业也。”[②]英雄敢于行动，敢于战斗，不计名利，不计得失，不计成败，不计生死。印度史诗《摩诃婆罗多》之“薄伽梵歌”宣扬行动哲学：“你的职责就是行动，永远不必考虑结果；不要为结果而行动，也不固执地不行动。”“把一切行动献给我，抛弃愿望，摒弃自私，专注自我，排除烦恼，你就投入战斗吧！”[③]在希腊神话世界里，英雄是人神之恋的结晶，亦即半人半神。他们拥有像神一样的智慧和力量，而又像人一样必死。他们的使命是

---

① 《告别革命——回望二十世纪中国（李泽厚刘再复对话录）》，香港：天地图书有限公司1995年版，第57页。

② [汉]刘邵：《人物志》“英雄”。

③ [古印度]毗耶娑：《薄伽梵歌》，黄宝生译，北京：商务印书馆2010年版，第25、38页。

征服世界，以征服世界为人生意义和价值的实现。这是英雄主义精神。而今，英雄尤应有存在的勇气，敢于面对虚无，担当荒诞，以自身创造的意义和价值去填充，为人类创造幸福和欢乐。这就是现代人应有的英雄人生观或青春人生观。

我们应当转向这样一种生活方式：在更广的范围内和更高的层面上重新恢复人与自然界、人与社会、人与人的本来关联，实现人的全面关怀，全面满足人的精神需求，为人们确立现实的、合理的生活方式而不断探索；既坚持寻求本体王国，也同时反对以牺牲表象世界为代价；它要求普遍承认表象世界，在这一基础上寻求本体王国；它要求即表象世界求本体王国；统一本体王国与表象世界两方面。

从表象世界深入到本体王国，亦即从常青的生活世界深入到灰色的理论王国；从本体王国返回到表象世界，亦即从灰色的理论王国返回到常青的生活世界。我们在这种深入−返回中，既可以永葆生活的乐趣和意味，又可以永葆生活的信念和理想。

在诗剧《浮士德》里，歌德说：

理论是灰色的，
生活之树常青。①

---

① 参见[德]歌德：《浮士德》上，钱春绮译，上海：上海译文出版社1982年版，第118页。引文从俗。

谈励志：意志的胜利

意志好比一把刀，生活好比一块磨刀石，只有经常砥砺，才能锋利永存。

人生的意义和价值不仅仅是用人生命的长度，更是用人生命的深度、高度，归根结底用人生命的力度去衡量。生命的力度决定了生活的充实与丰富。在某种程度上，生命力就是意志力。人生首在设定目标，人要为实现目标而奋斗终生。我们应当志存高远。“志，意也，从心之声。”[①]志，即志向、意愿。志乃心之所向、意之所往。励，劝勉。励志就是在唤起人们对未来生活憧憬的基础上，设定人生目标，坚持不懈地为目标的实现而顽强拼搏。意志好比一把刀，生活好比一块磨刀石，只有经常砥砺，才能锋利永存。

德国著名女导演莱尼·里芬斯塔尔曾拍摄过一部记录片——《意志的胜利》，她记录了1934年纽伦堡第三帝国代表大会盛况。这部影片由纳粹构思和出资，是纳粹自我表现的最

① [汉]许慎：《说文解字》“志”。

具权威性和最富想象力的宣传电影，获得了不可饶恕的巨大成功。影片艺术地表现了意志的力量，这个意志的化身就是希特勒。全体德国军人的意志、全体德国人民的意志都集中于希特勒一个人身上。这个人灭绝人性，践踏人道，妄图用武力征服世界，用暴力主宰世界。影片堪称极权主义美学和艺术的样板。所谓思想统一、舆论一律、步调一致，就是将人变成机器、齿轮和螺丝钉。这是为一个人的意志而牺牲其他所有人的意志。这决不是“意志的胜利”，而是“意志的失败”。

唯意志论者把意志的力量极端化。叔本华和尼采是唯意志论的两个著名代表。叔本华的唯意志论是生存意志论，其中的意志是求生存的意志。其基本哲学命题是“世界是我的意志的表象”。这是一种赤裸裸的唯意志论：“他不认识什么太阳，什么地球，而永远只是眼睛，是眼睛看见太阳；永远只是手，是手感触着地球；”“因此，身体的各部分必须完全和意志所由宣泄的各主要欲望相契合，必须是欲望的可见的表出：牙齿、食道、肠的输送就是客体化了的饥饿；生殖器就是客体化了的性欲；至于攫取物的手和跑得快的腿所契合的已经是意志的比较间接的要求了，手和脚就是这些要求的表出。”[①]而尼采的唯意志论则是权力意志论，其中的意志是求权力的意志。叔本华，尤其尼采唯意志论是典型的非理性主义和反理性主义，最终被法西斯主义所利用。仿佛爆炸一颗精神原子弹，它充分

① [德]叔本华：《作为意志和表象的世界》，石冲白译，北京：商务印书馆1982年版，第25、163页。

释放了人类破坏性的欲望和毁灭性的本能，极大地伤害了人类自身。它从反面启示我们，意志（以及激情）始终应当为理性所引导，它决不应该是一种盲目的冲动，更不应该是一种冒险的赌博。我们所谓“意志的胜利”不应该是一种零和博弈，以相互否决对方的意志为前提，而应该是双赢、共赢。

人生是一个自我实现的历程。自我实现是人的需要与能力的内在矛盾的展开。自我实现，第一是“我要……”；第二是“我能……”。当然，这二者更取决于外部条件。马斯洛把人的需求分为五种：生理上的需求、安全上的需求、情感和归属的需求、尊重的需求、自我实现的需求。这五种需求从低到高逐级递升，其中自我实现是位于最顶端的需求。[①]这就是著名的马斯洛需求层次理论。至于能力，包括人的体力（体能）、脑力（智能）和社会结合力。人要满足自身需要，只能发挥自身能力。需要和能力的张力关系往往决定了一个人的苦和乐。能力不能满足需要，往往是人们痛苦的根本；能力足以满足需要，常常是人们快乐的源泉。因此，人们减少痛苦，增加快乐便有两种方式：一是降低需要，二是提高能力，前者是消极的方法，后者是积极的方法。能力和需要的张力应当适度。每一个人的生命是有限的，但他/她们却蕴涵了无限的需求和潜能，限于条件，人们只能发挥其中部分潜能，满足其中部分需求。在特定条件下，人只有最大限度地发挥自身潜能，满足自身需

① 参见[美]戈布尔：《第三思潮：马斯洛心理学》，吕明、陈红雯译，上海：上海译文出版社2001年版。

求，充分实现自我，才不枉此一生。

按照尼采的说法，自我实现是“成为你自己！”上帝死了，超人亦不可靠，人是唯一普照天空、海洋和大地的太阳，赋予万物以意义和价值。但“人”并不是抽象的概念，而由每一具体的血肉之躯——“我”组合而成。自我是独一无二、不可复制的。自我的出场和在场，按照海德格尔的说法，就是此在在此。自我不可沉沦于大众中，仿佛沙粒流失于沙滩里。人必须忠实于自己，发现自己，相信自己。但是，要“成为你自己”，首先要“认识你自己”，然后要“控制你自己”。

实现自我首先必须认识自我。有一个印度传说：曾有一段时期，地球上所有人都是神，但是他们无法无天，滥用神权。因此，众神之神——梵天决定剥夺人的神性，藏在人们永远不会发现的地方，以免他们滥用它。这个藏法不是埋在地下，沉于海底，藏到山顶，而是藏在人类自己身上。人们掘地、潜水、登山，寻找不到自己的神性，它一直藏在他们自己身上。这个故事告诉我们：对自我的认识是必须从我们自身去找寻的。不求诸物，不求诸人，反求诸己。这就是“认识你自己！”

如何认识自我？还有一个希腊传说：在希腊雅典附近有一个叫做德尔斐的地方，德尔斐有一座神庙，供着希腊神话中的太阳神兼智慧神阿波罗。神庙的门匾上刻着一行希腊文：“认识你自己”，史称“德尔斐神庙的箴言”。最终解释这一箴言的是苏格拉底。苏格拉底的解释是“自知其无知”亦即“人应当知道自己无知”。这个故事又告诉我们，人应当认识自我的局限，唯其如此，我们才能真正认识自我的需要和能力。

其次，实现自我必须控制自我。自我控制就是以理性来控制自身的欲望与激情。弗洛伊德的精神分析学系统地分析了人类自我控制过程。弗洛伊德早期提出过二分法的意识结构理论，将意识区分为潜意识和意识，而又将潜意识区分为无意识和前意识。各种意识层面之间存在一种潜抑和宣泄的张力关系。[①]对于无意识、前意识和意识的关系，弗洛伊德打了两个比方，一说无意识如囚犯，前意识如监狱看守，意识如居民；二说无意识如蓄水，前意识如水库堤坝，意识如田野。他用这样两个比喻说明健康人和正常人的自我控制，所谓心理的变态或病态是如同越狱囚犯危害守法居民、决堤洪水淹没良田沃野的自我失控状态。

如何控制自我？弗洛伊德晚期提出了三分法的人格结构理论，作为人格底蕴的是本我——伊底（Id），本我遵循的是快乐原则。它在归根结底的意义上支配着自我（现实原则）和超我（道德原则）两个层次。它本身包含了两个方面：一是生本能（或性本能），二是死本能。性本能的能量，他称之为里比多（Libido）。这种能量通过从上到下的潜抑得到积聚，而又通过从下到上的宣泄（升华）得到释放。[②]对于本我和自我的关

① 参见[奥]弗洛伊德：《精神分析引论》，高觉敷译，北京：商务印书馆1984年版；[奥]弗洛伊德：《精神分析引论新编》，高觉敷译，北京：商务印书馆1987年版。

② 参见《弗洛伊德后期著作选》，林尘、张唤民、陈伟奇译，上海：上海译文出版社1986年版。

系，弗洛伊德还有这样一个比喻：本我是马，自我是马车夫。马要听话，按马车夫所指的方向走。自我驾御本我——自我控制并不是一件容易的事情。毫无疑问，越能自我控制的人越能实现自我，这是因为自我控制是自我积蓄能量的过程，自我实现是自我释放能量的过程。能量积蓄的越多，释放的能量越大。自我控制应当具有两个基本表现：一是逆境中要经得起打击，二是顺境中要经得住诱惑。

自我控制首先表现为逆境中要经得起打击。人生并不是一条人行道；它全然是在旷野上穿行，时而尘土飞扬，时而泥泞不堪，时而经过沼泽，时而穿过密林。谁怕沾上尘土和弄脏鞋子，他/她就不要生活。逆境往往磨练人的意志。“舜发于畎亩之中，傅说举于版筑之间，胶鬲举于鱼盐之中，管夷吾举于士，孙叔敖举于海，百里奚举于市。故天将降大任于是人也，必先苦其心志，劳其筋骨，饿其体肤，空乏其身，行拂乱其所为，所以动心忍性，曾益其所不能。”[①]“夫《诗》《书》隐约者，欲遂其志之思也。昔西伯拘羑里，演《周易》；孔子厄陈蔡，作《春秋》；屈原放逐，著《离骚》；左丘失明，厥有《国语》；孙子膑脚，而论兵法；不韦迁蜀，世传《吕览》；韩非囚秦，《说难》《孤愤》；《诗》三百篇，大抵贤圣发愤之所为作也。此人皆意有所郁结，不得通其道也，故述往事，思来者。”[②]正如苏轼所言，“古之立大事者，不惟有超世之

① 《孟子》“告子下”。

② [汉]司马迁：《史记》“太史公自序”。

才，亦必有坚忍不拔之志。”[①]我们在身处逆境时一定不能对未来失去希望，要相信逆境不过是黎明前最黑暗的时刻，无论黑夜多么漫长，也阻挡不了黎明终将到来的脚步。“如果冬天来了，春天还会远吗？”[②]

作为音乐家，贝多芬26岁时听力逐渐衰退，45岁时耳朵完全失聪。命运是残酷的。他的一生连一天真正的欢乐都没有，只有在艺术中才有幸福的感觉，对艺术的热爱给予他生活的勇气。他说：“我要扼住命运的咽喉。它决不能使我完全屈服……噢！能把人生活上千百次，真是多美！”“屈服，深深地向你的运命屈服：你不复能为你自己而存在，只能为着旁人而存在；为你，只在你的艺术里才有幸福。噢上帝！给我勇气让我征服我自己！”贝多芬的交响曲《英雄》《命运》《田园》《合唱》、奏鸣曲《热情》等等不朽作品世代流传。罗曼·罗兰将贝多芬列为《名人传》中最伟大的英雄。总结贝多芬的一生，就是“用痛苦换来的欢乐。”

海伦·凯勒的命运甚至比贝多芬的更残酷。马克·吐温曾经说过，“19世纪有两个奇人，一个是拿破仑，一个是海伦·凯勒。拿破仑试图用武力征服世界，他失败了；而海伦·凯勒试图用笔征服世界，她成功了。”海伦19个月的时候就因病失明、失聪，变成盲人和聋子，但她却以优异的成绩考入哈佛大学，并以惊人的毅力完成在哈佛大学拉德克利夫学院

---

① [宋]苏轼：《晁错论》。

②《雪莱诗选》，江枫译，湖南人民出版社1980年版，第91页。

的学业，成为人类历史上第一位获得文学学士学位的盲聋人，成为伟大的作家和教育家。她的《假如给我三天光明》一文感动了许多人。海伦虽然一辈子都生活在黑暗和静寂中，但这并未妨碍她对卓越人生的追求，也未妨碍她对快乐生活的选择："我要把别人眼睛所看见的光明当作我的太阳，别人耳朵所听见的音乐当作我的乐曲，别人嘴角的微笑当作我的快乐。"

与贝多芬、海伦·凯勒比，霍金的命运最残酷。21岁时，他被诊断患有卢伽雷氏症（肌肉萎缩性侧索硬化症，亦即运动神经病），从此被完全禁锢在轮椅上，只有三根手指可以活动。当时医生诊断他只能活两年，但他却一直活到了现在。43岁时，他因患肺炎做了穿气管手术，而被彻底剥夺说话能力，演讲和问答只能通过语音合成器完成。这个全身瘫痪的人取得了巨大的成就。他推动了广义相对论和宇宙论的发展，描述了从大爆炸到黑洞的宇宙演化历史，被誉为是继爱因斯坦之后最杰出的科学家和"宇宙之王"。

其次，自我控制表现为顺境中要经得住诱惑。人生即使是一条人行道，也会有拐弯处，有岔路口，有拥挤的时候，有堵塞的地方。沿途高楼大厦，车水马龙，灯红酒绿，醉生梦死，令人流连忘返，迷失自我。顺境常常瘫痪人的意志。历史上的江郎才尽，20世纪80年代中国科技大学少年班一帮"少年天才"未能取得人们所期望的成就，就是一个例证；历史上的八旗子弟，最近一些年来某些"官二代""富二代"和"星二代""拼爹"和"坑爹"的行为，也是一个例证。因此，对人来说，抵制顺境的诱惑比承受逆境的打击更为艰难。所谓"生于忧患，死于安乐”，就是这个意思。

钱学森早就是国际航空航天领域最为杰出的代表人物之一。美国人认为钱学森无论走到哪里，都抵得上5个师的兵力。他在美国过着十分富足且受人尊敬的生活，但他毅然决然选择报效祖国。在冲破重重阻挠回国后，他长期担任火箭、导弹和航天器研制的技术领导职务，为我国火箭、导弹和航天事业的发展作出了不可磨灭的巨大贡献，被誉为“中国航天之父”“中国导弹之父”“火箭之王”和“中国自动化控制之父”。

一旦选定了目标，我们就要坚定地走下去，走到底，直至目标实现。但是，路是一步一步走的，“故不积跬步，无以至千里；不积小流，无以成江海。骐骥一跃，不能十步；驽马十驾，功在不舍。锲而舍之，朽木不折；锲而不舍，金石可镂。”[①]

目标的实现需要讲究一些技巧。目标有大小之别，比较而言，小目标可以轻易实现，大目标显得遥不可及，容易使人退缩。怎么办呢？心理学家做过这样一个实验：把一些从未割过麦子的学生分为两组，让其中一组从麦地的东头开始割，另一组从西头开始割。这块麦地很大，一眼望不到尽头，在麦地的正中间插着一杆红旗，看哪个队先割到旗子处。心理学家在其中一组的前面每隔三米就插上一面绿旗，在另一组前面什么也没放上。比赛结果正如心理学家所预测的那样，前一组获胜了。不难发现，前一组获胜是因为这一组的大目标被分成可望

① 《荀子》“劝学”。

又可及的小目标。小目标的完成就是一次小小的成功，而自信心正是通过一系列大大小小的成功逐渐累积的。一位马拉松的老牌选手对人说："跑完42.195公里的长距离是很艰苦的事。为了缓和心里的痛苦，我通常在事先看看全程情形，比如，跑到某大楼、某座桥时几公里，然后自己先把全程分成几个终点。当跑完一个终点时，心情就轻松一些。我就是以这种方法跑完全程，并创造新记录的。"把大目标分成若干小目标，这是实现大目标的一种最行之有效的方法。

目标既是我们前行的方向，也是我们前行的动力。无论在目标的设定上，还是在道路的选择上，我们都应听取别人的意见、建议和批评。但是，最终决定一切的是我们自己，因为没有任何别人比我们自己更能够认识自己、更能够控制自己，也就更能够实现自己。有一个印度故事说：一对父子赶着一匹驴子驮着货物出卖，货卖去了，孩子骑驴，老翁跟着走，受到路人责备，说不尊老；于是老翁骑驴，孩子跟着走，又受路人责备，说不爱幼；于是老人抱着孩子到鞍鞒上，还受路人责备，说是虐待动物；于是他们都下来走，更受路人嘲笑，说他们是呆子；最后他们只好抬着驴子走了。

在诗歌《神曲》里，但丁说：

走你的路，让人们去说罢！①

---

① 参见[意]但丁：《神曲》"炼狱篇"，朱维基译，上海：上海译文出版社1984年版，第34页。引文从俗。

谈学习：知识就是力量

学习（读书）是人生的本分，是我们为人处世、安身立命的根基。

学习是人生第一阶段的主要使命，学习就是个人的社会化。人一出生就开始了学习历程，通过各种身体官能感受、体验外部世界，回应周边环境所给予的种种刺激，模仿父母以及他人，这些都是学习。现代教育理念甚至认为学习始于胎儿，此即所谓胎教；由于知识容量倍增以及加速更新，现代教育理念倡导终身学习。

《论语》开篇第一句话就提到了“学习”：“学而时习之，不亦说乎？”[①]“学”是对于知识的记忆和理解，而“习”则是对于知识的实践和应用，是人们将所学的知识反复地练习，内化和积淀于人们的头脑中，逐渐形成一种习惯，这样一个过程就是学习过程。孔子强调这个过程是令人愉悦的。

因此，要理解学习就应当理解知识。“知识就是力量”是

①《论语》“学而”。

培根提出的著名口号。他说：

人类知识和人类权力归于一；因为凡不知原因时即不能产生结果。要支配自然就须服从自然；而凡在思辨中为原因者在动作中则为法则。①

福柯的“知识–权力”继承了培根的“知识就是力量”的精神，更进一步揭示了知识和权力在人类社会生活中的内在关系。他说：

权力制造知识（而且，不仅仅是因为知识为权力服务，权力才鼓励知识，也不仅仅是因为知识有用，权力才使用知识）；权力和知识是直接相互连带的；不相应地建构一种知识领域就不可能有权力关系，不同时预设和建构权力关系就不会有任何知识。②

但是，培根的“知识就是力量”、福柯的“知识–权力”只是一种近现代理念。古代的理念是“美德就是知识”，中世纪的理念是“知识就是罪恶”。历史是怎样演变的呢？

中国传统主要在伦理–政治意义上讨论知识（智慧）问题，

---

① [英]培根：《新工具》，许宝骙译，北京：商务印书馆2009年版，第8页。

② [法]米歇尔·福柯：《规训与惩罚——监狱的诞生》，刘北城、杨远婴译，北京：三联书店2003年版，第29页。

把知识（智慧）区分为可以“言传”的（包括“知其然”的和“知其所以然”的）和可以“身教”或“意会”的。知识是可以言传的，一是指对于时间、地点、人物、事件等等事实表象的认知；二是指对于本质、规律的认知。前者是“知其然”的事实知识，后者是“知其所以然”的原理知识。诚然，后者比前者更进了一步。但是，无论前者，还是后者，都没有达到智慧的高度。“只知其然，不知其所以然”的知识是感性知识，“既知其然，又知其所以然”的知识是理性知识，而“只可意会，不可言传”的知识则是智慧。智慧是贯通于知识之中的“只可意会，不可言传”的核心。知识与智慧的关系，宛如躯体与灵魂、硬件与软件的关系：没有知识的智慧是虚幻的；而没有智慧的知识则是僵死的。纯粹知识，无论感性的，还是理性的，都停留在认识（知）层面；只有智慧，才进入到实践（行或用）层面。因为任何知识都是抽象的，而它的应用则是具体的、历史的。运用之妙即是智慧。在中国传统中，不是理论的知识形态，而是实践的智慧形态，才是最根本和最重要的。

希腊传统把“爱智慧”和“智慧”区别开来，把“爱智者”和“智者”区别开来。“智慧”是属神的，只有神才能称为“智者”；而属人的则是“爱智慧”，人只能称为“爱智者”。在希腊传统中，不是现成的智慧，而是爱智的活动，才是最根本和最重要的。苏格拉底喜欢引用“德尔菲神庙的箴言”——“自知其无知”亦即“人应当知道自己无知”。当时苏格拉底与普罗泰戈拉之间还有一个争论，是关于美德和知识的关系的。普罗泰戈拉认为美德虽不是知识但可教，苏格拉底认为美德虽是知识但不可教。这里的关键是怎样理解“知识”“教”“学”。“当他把知识交出去的时候，我们称之为‘教’，而当别人从他那里得到知识时，我们称之为‘学’，当他把知识关在他的鸟笼中，在此意义上拥有它们时，我们称之为‘知道’。”[①]美德作为知识，不是一种学问，而是一种修行。换句话说，美德不是理论知识，可教可学，而是实践知识，不可教不可学。柏拉图将理念世界（可知世界）和感觉世界（可见世界）对立起来，进而将知识和意见对立起来，认为关于感觉世界的意见是经验的，关于理念世界的知识是先验的，人们通过回忆获得知识（“学习就是回忆”）。亚里士多德将知识划分为两类：一类是形而下的，一类是形而上的。前者具有实用价值，后者是人类求知本性的体现。概括起来，古典时代主要以美德为知识，说明古典时代知识是人类理性-德性发展的系统表现。

但是，人们很早就发现了知识与人生的内在矛盾。中国的庄子认为以有限的人生去追求无限的知识是荒谬的。他说：“吾生也有涯，而知也无涯。以有涯随无涯，殆矣；已而为知者，殆而已矣。”[②]希腊的皮罗坚持怀疑论立场，认为真理不可知，只有不作任何判断才能使人灵魂安宁。他说：“万物一致

① 《柏拉图全集》第2卷，王晓朝译，北京：人民出版社2003年版，第732页。

②《庄子》“内篇·养生主”。

而不可分别。因此，我既不能从我们的感觉也不能从我们的意见来说事物是真的或假的。所以我们不应当相信它们，而应当毫不动摇地坚持不发表任何意见，不作任何判断，对任何一件事物都说，它既不不存在，也不存在，或者说，它既不存在而也存在，或者说，它既不存在，也不不存在。”“它既不是这样的，也不是那样的，也不是这样和那样的。”“最高的善就是不作任何判断，随着这种态度而来的就是灵魂的安宁，就像影子随着形体一样。”[①]

这种倾向发展下来，“美德就是知识”就变成了“知识就是罪恶”。在犹太教经典《圣经·旧约全书》中，人类始祖亚当与夏娃最初生活于上帝的伊甸园中。园子当中有生命树和智慧树（分别善恶的树），上帝禁止他们吃这树上的果子。但是夏娃和亚当被蛇诱惑，吃了分别善恶树上的果子，拥有了类似上帝的智慧，被上帝逐出伊甸园。“耶和华　神说：‘那人已经与我们相似，能知道善恶。现在恐怕他伸手又摘生命树的果子吃，就永远活着。’耶和华　神便打发他出伊甸园去，耕种他所自出之土。于是把他赶出去了。”[②]智慧（知识）竟然变成了人类世代继承的“原罪”，反映了犹太教强烈的反智主义倾向（但是这一倾向也有反例，例如所谓“所罗门的智慧”），这一倾向同样为基督教所继承。

---

① 《西方哲学原著选读》上卷，北京大学哲学系外国哲学史教研室编译，北京：商务印书馆1981年版，第177页。

②《圣经·旧约全书》“创世纪”第3章。

歌德诗剧《浮士德》的一个基本主题是知识与人生的内在矛盾，叙述浮士德对于知识的不满，对于行动的渴望。浮士德毕生追求知识，精通中世纪全部知识，但已年老，他借助魔鬼梅非斯特的力量回到青春年华，最终由于他永不满足的精神，获得了上帝的拯救。歌德通过《浮士德》说明，知识应当为人生服务，而非人生为知识牺牲。

古代知识体系以哲学为中心，中世纪知识体系以宗教为中心，而近现代知识体系则以科学为中心。文艺复兴以来，西方知识传统又出现了大众化和实利化的转向。培根是这一转向的关键。培根提出"知识就是力量"，说明要改造自然就要认识自然，能认识自然就能改造自然；显示人类知识和人类力量（权力）的高度统一，一举颠覆了古典知识体系只求知、不实用的贵族自由精神，同时摧毁了一切反智主义的无谓感伤，奠定了现代知识体系实用化、功利化的大众世俗气质。在《新大西岛》中，培根设计了一个知识立国的"本色列岛"。其中的核心是"所罗门之宫"（或"六日大学"）："我们这个机构的目的是探讨事物的本原和它们运行的秘密，并扩大人类的知识领域，以使一切理想的实现成为可能。"[①]这就是"知识万能"的梦想。

从苏格拉底提出"美德就是知识"，经过"知识就是罪恶"，到培根提出"知识就是力量"，人类知识体系弱化了伦理宗教的倾向，强化了实用功利的倾向。实用主义是美国的本

① [英]弗·培根：《新大西岛》，何新译，北京：商务印书馆1959年版，第28页。

士哲学。皮尔士提出了实用主义的基本原则。实用主义的根本原则是一切以效果、功用为标准。詹姆士提出了“有用就是真理”的著名命题：“‘它是有用的，因为它是真的；’或者说：‘它是真的，因为它是有用的。’这两句话的意思是一样的；也就是说这里有一个观念实现了，而且能被证实了。‘真’是任何开始证实过程的观念的名称。‘有用’是它在经验里完成了作用的名称。”“简言之，‘真的’不过是有关我们的思想的一种方便方法，正如‘对的’不过是有关我们的行为的一种方便方法一样。”①现代美国实用主义宣称“有用就是真理”，就是将真理归结为价值，将知识归结为实利。正是在知识的大众化和实利化历史背景下，韦伯提出了价值中立与责任伦理的知识态度。这里体现了一种自相矛盾的知识立场：一方面，价值中立是知识，尤其科学知识的必要条件；另方面，知识，尤其科学知识必须具有伦理约束。

知识的大众化和实利化最终助产了知识经济的诞生。知识经济已经成为当代社会的基本特征。美国未来学家托夫勒在《力量转移》中提出：知识正在取代暴力和财富，成为社会的主宰力量。他以三句名言来描述力量转移的三个历史阶段：一是“枪杆子里面出政权”（毛泽东），暴力是低质量的力量，是农业社会的主要力量；二是“金钱万能”（无名氏），财富是中质量的力量，是工业社会的主要力量；三是“知识就是力

① [美]威廉·詹姆士：《实用主义——一些旧思想方法的新名称》，陈羽伦、孙瑞禾译，北京：商务印书馆1979年版，第104～105、114页。

量”（弗朗西斯·培根），知识是高质量的力量，是信息社会的主要力量。武力、财富和知识，各自具有一个象征，这就是古代的剑、宝石和天照大神的镜子。①

知识经济是以知识和信息为基础的。关于知识和信息的关系，托夫勒认为，各种搜集起来的数字和事实称为“数据”，分类整理后的数据则成为“信息”，信息经加工制作可以发挥作用的则成为“知识”。②这一观点的合理性在于，它揭示了知识的根源、本质，更适合于知识的内涵规定。经济合作与发展组织（OECD）认为，“知识可以分成：知道是什么的知识（Know—what），知道为什么的知识（Know—why），知道怎么样做的知识（Know—how）和知道是谁的知识（Know—who）。”这里分为四类：事实知识（知其然）、原理知识（知其所以然）、技能知识和人际知识。根据这种分类，前两类知识属于“编码化知识”，又称为“归类知识”（言传型），亦即信息，较易于编码化（归类）和度量，人们可以通过理论学习——读书、听讲和查看数据库（言传）获得；后两类以及其他各类知识属于“隐含经验类知识”，又称为“沉默知识”（意会型），较难于编码化（归类）和度量，人们可以在实践中学习（身教）获得。③这一观点的合理性在于，它揭示

---

① 参见[美]阿尔文·托夫勒：《力量转移——临近21世纪时的知识、财富和暴力》，刘炳章、卢佩文、张今、王季良、隋丽君译，北京：新华出版社1996年版，第1、37页。

② 参见同上书。

③ 《以知识为基础的经济》，经济合作与发展组织（OECD）编，杨宏进、薛澜译，北京：机械工业出版社1997年版，第6页。

了知识的类型、构成，更适合于知识的外延规定。由于人工智能的出现，知识逐步编码化，而编码化知识又可以通过人工智能加以掌握，在电脑及其网络中存储和流通。在这种情况下，人类智能、人脑及其网络应当着重把握的是隐含经验类知识。因此，这种知识分类反映了人–机知识分工的历史现实。人—机知识分工在于人们通过运用自身隐含经验类知识，使用机器存储和流通的编码化知识，并且力图将前者逐步转换为后者。

这就是所谓“学习的革命”。所谓“学习的革命”包括两方面：一是学习对象的变化，从着重学习编码化知识转化为着重学习隐含经验类知识；二是学习方法的变化，传统学习方法着重于记忆和理解，现代学习方法着重于实践和应用。同时，由于知识和信息的容量倍增以及加速更新，这就使得处于知识经济时代的人，学习比以往任何时代都更加重要。

学习首在励志，所谓韦编三绝、头悬梁锥刺股、凿壁偷光、囊萤映雪、牛角挂书，这些典故就是中国古人勤奋学习和刻苦读书的范例。但是真正的学习并非就是单纯的读书，死读书、读死书、读书死，尤其不是真正的学习。“学而不思则罔，思而不学则殆。”[①]“博学之，审问之，慎思之，明辨之，笃行之。”[②]这些格言就是要求我们正确处理学与问、学与思、学与辨、学与用之间关系，学习不仅是一个广泛获得知识的过程，而且是一个深入怀疑、思考、辨别的过程，学以致用。

---

①《论语》“为政”。

②《礼记》“中庸”。

孔子弟子子夏有句名言："仕而优则学，学而优则仕。"[①]将读书与做官联系起来，这样就激发了人们学习（读书）的壮志和热情。北宋年间有一首《劝学诗》[②]和一首《神童诗》[③]，

---

①《论语》"子张"。

②"富家不用买良田，书中自有千锺粟。安居不用架高堂，书中自有黄金屋。出门莫恨无人随，书中车马多如簇。娶妻莫恨无良媒，书中自有颜如玉。男儿若遂平生志，六经勤向窗前读。"（[宋]赵恒（真宗）："劝学诗"）。

③"天子重英豪，文章教尔曹。万般皆下品，惟有读书高。少小须勤学，文章可立身。满朝朱紫贵，尽是读书人。学问勤中得，萤窗万卷书。三冬今足用，谁笑腹空虚。自小多才学，平生志气高。别人怀宝剑，我有笔如刀。朝为田舍郎，暮登天子堂。将相本无种，男儿当自强。学乃身之宝，儒为席上珍。君看为宰相，必用读书人。莫道儒冠误，诗书不负人。达而相天下，穷则善其身。遗子满嬴金，何如教一经。姓名书锦轴，朱紫佐朝廷。古有千文义，须知学后通。圣贤俱间出，以此发蒙童。神童衫子短，袖大惹春风。未去朝天子，先来谒相公。大比因时举，乡书以类升。名题仙桂籍，天府快先登。喜中青钱选，才高压众英。萤窗新脱迹，雁塔早题名。年少初登第，皇都得意回。禹门三汲浪，平地一声雷。一举登科日，双亲未老时。锦衣归故里，端的是男儿。玉殿传金榜，君恩赐状头。英雄三百辈，随我步瀛洲。慷慨丈夫志，生当忠孝门。为官须作相，及第必争先。宫殿岧峣耸，街衢竞物华。风云今际会，千古帝王家。日月光天德，山河壮帝居。太平无以报，愿上万言书。久旱逢甘霖，他乡遇故知。洞房花烛夜，金榜题名时。土脉阳和动，韶华满眼新。一枝梅破腊，万象渐回春。柳色侵衣绿，桃花映酒红。长安游冶子，日日醉春风。淑景余三月，莺花已半稀。欲沂谁氏子，三叹咏而归。数点雨余雨，一番寒食寒。杜鹃花发处，血泪染成丹。春到清明好，晴添锦绣文。年年当此节，底事雨纷纷。风阁黄昏雨，开轩纳晚凉。月华当户白，何处递荷香。漏尽金风冷，堂虚玉露清。穷经谁氏子，独坐对寒檠。秋景今宵半，天高月倍明。南楼谁宴赏，丝竹奏清音。一雨初收霁，金风特送凉。书窗应自爽，灯火夜偏长。庭下陈瓜果，云端望彩车。争如郝隆子，只晒腹中书。九日龙山饮，黄花笑逐臣。醉看风落帽，舞爱月留人。昨日登高罢，今朝再举觞。菊花何太苦，遭此两重阳。北帝方行令，天晴爱日和。农工新筑土，共庆纳嘉禾。帘外三竿日，新添一线长。登台观气象，云物喜呈祥。时值嘉平候，年华又欲催。江南先得暖，梅蕊已先开。冬季更筹尽，春随斗柄回。寒暄一夜隔，客鬓两年催。解落三秋叶，能开二月花。过江千尺浪，入竹万杆斜。人在艳阳中，桃花映面红。年年二三月，底事笑春风。院落沉沉晓，花开白雪香。一枝轻带雨，泪湿贵妃妆。枝缀霜葩白，无言笑晓风。清芳谁是侣，色间小桃红。倾国姿容别，多开富贵家。

说尽了学习（读书）的高贵与荣耀，是两篇影响广泛而又深远的启蒙读物。

但是，如果我们将学习实用化、功利化，为升官发财、出人头地而读书，那么，这种目的是卑微的和渺小的。它不免沦落于读书无用的窠臼中。其实，学习（读书）是人生的本分，是我们为人处世、安身立命的根基。

学习是人生的伟大指南。培根说：

阅读使人充实，会谈使人敏捷，写作与笔记使人精确。……史鉴使人明智；诗歌使人巧慧；数学使人精细；博物使人深沉；伦理之学使人庄重；逻辑与修辞使人善辩。“学问变化气质”。①

临轩一赏后，轻薄万千花。墙角一枝梅，凌寒独自开。遥知不是雪，惟有暗香来。柯干如金石，心坚耐岁寒。平生谁结友，宜共竹松看。居可无君子，交情耐岁寒。春风频动处，日日报平安。春水满泗泽，夏云多奇峰。秋月扬明辉，冬岭秀孤松。诗酒琴棋客，风花雪月天。有名闲富贵，无事散神仙。道院迎仙客，书堂隐相儒。庭裁栖凤竹，池养化龙鱼。春游芳草地，夏赏绿荷池。秋饮黄花酒，冬吟白雪诗。”（[宋]汪洙：《神童诗》）。

①《培根论说文集》，水天同译，北京：商务印书馆1983年版，第180页。

谈工作：劳工神圣

由于普遍劳动时代已经结束，普遍工作时代已经到来，
劳动伦理已经被工作伦理所替换。

对于每一个人来说，学习和工作都是一个社会化过程，但学习是从社会汲取知识，培养个人能力的过程，而工作是发挥个人能力，为社会做出贡献的过程。学习是积蓄个人潜能；工作是释放个人潜能。学习是工作的准备，为工作而学习，学习预支生活资源；工作是生活的根基，为生活而工作，工作偿付生活资源。

“五四”之前，蔡元培提出了“劳工神圣”的著名口号，在演说中，他指出：

此后的世界，全是劳工的世界呵！

我说的劳工，不但是金工、木工等等，凡用自己的劳力作成有益他人的事业，不管他用的是体力、是脑力，都是劳工。所以农是种植的工，商是转运的工，学校职员、著述家、发明家，是教育的工，我们都是劳工。我们要自己认识劳工的价值。劳工神圣！

我们不要羡慕那凭借遗产的纨绔儿！不要羡慕那卖国营私的官吏！不要羡慕那克扣军饷的军官！不要羡慕那操纵票价的商人！不要羡慕那领干修的顾问咨议！不要羡慕那出售选举票的议员！他们虽然奢侈点，但是良心上不及我们的平安多了。我们要认清我们的价值。劳工神圣！①

"劳工神圣"观念深入"五四"时期知识分子和青年的思想。"五四"之后，李大钊倡导"物心两面"和"灵肉一致"的社会改造运动。在《"少年中国"的"少年运动"》一文中，他指出：

我所理想的"少年中国"，是由物质和精神两面改造而成的"少年中国"，是灵肉一致的"少年中国"。

我们"少年运动"的第一步，就是要做两种的文化运动：一个是精神改造的运动，一个是物质改造的运动。

精神改造的运动，就是本着人道主义的精神，宣传"互助""博爱"的道理，改造现代堕落的人心，使人人都把"人"的面目拿出来对他的同胞；把那占据的冲动，变为创造的冲动；把那残杀的生活，变为友爱的生活；把那侵夺的习惯，变为同劳的习惯；把那私营的心理，变为公善的心理。这个精神的改造，实在是要与物质的改造一致进行，而在物质的

---

① 《蔡元培全集》第3卷，高平叔编，北京：中华书局1984年版，第219页。

改造开始的时期，更是要紧。

物质改造的运动，就是本着勤工主义的精神，创造一种“劳工神圣”的组织，改造现代游惰本位、掠夺主义的经济制度，把那劳工的生活，从这种制度下解放出来，使人人都须做工，做工的人都能吃饭。因为经济组织没有改变，精神的改造很难成功。

我所希望的“少年中国”的“少年运动”，是物心两面改造的运动，是灵肉一致改造的运动，是打破知识阶级的运动，是加入劳工团体的运动、是以村落为基础建立小组织的运动，是以世界为家庭扩充大联合的运动。①

从蔡元培倡导“劳工神圣”到李大钊号召知识分子、青年“到民间去”，形成一种平民主义思潮。陶行知着力于平民教育改革实践，创办晓庄等等平民学校。他提出“生活即教育”“社会即学校”“教学做合一”“行是知之始，知是行之成”等等教育理念。延安时期，毛泽东号召知识分子、青年和工农民众（工农群众）相结合，以此作为革命和不革命、反革命分界的标准。“文革”时期，毛泽东更进一步号召“广大干部下放劳动”“知识青年到农村去，接受贫下中农的再教育”“广阔天地，大有作为”。干部下放劳动（包括“五七”干校和插队落户两种形式）、知识青年上山下乡（包括生产建设兵团和

---

①《向着新的理想世界——李大钊文选》，高瑞泉编选，上海：上海远东出版社1995年版，第203、203～204、204、206页。

插队落户两种形式）掀起了民粹主义思潮的狂热，直到20世纪80年代受到清算。

然而，“劳工神圣”所倡导的基本价值观念并无错误。劳动、工作、自食其力光荣！剥削、压迫、奴役、掠夺、寄生可耻！这种价值观念任何时候都不会过时，任何地方都不会陈腐。

在中国传统思想中，原本就有勤劳美德、尊劳观念。墨子倡导节俭、力行：“赖其力者生，不赖其力者不生。”[①]这是一个伟大哲学命题。然而，中国传统思想主流是菲薄劳动的。孔子在弟子“请学稼”“请学为圃”时，回答“吾不如老农”和“吾不如老圃”，并称其为“小人”，认为“上”以“礼”“义”“信”治“民”，“焉用稼？”[②]孟子将“君子”“大人”与“野人”“小人”对立起来：“无君子莫治野人，无野人莫养君子。”“有大人之事，有小人之事。……故曰：或劳心，或劳力。劳心者治人，劳力者治于人。治于人者食人，治人者食于人。天下之通义也。”[③]

希腊传统思想同样是鄙薄劳动的。柏拉图划分了三个社会等级：统治者、谋划者属于“黄金等级”，辅助者（军人）属于“白银等级”，农民、工人、生意人属于“铜铁等级”，而“正义”则在于“每个人必须在国家里执行一种最适合他天性

①《墨子》“非乐上”。
②《论语》“子路”。
③《孟子》“滕文公上”。

的职务。”“三种人在国家里各做各的事。”[①]亚里士多德认为劳动是奴隶的事情，奴隶是“有生命的工具”和“有生命的财产”。[②]

在西方文化传统中，根据犹太教和基督教的神创论，上帝是通过劳动创造世界和人类的。直到新教倡导勤劳和节俭的美德，轻蔑和鄙视劳动的观念才被矫正过来。洛克以劳动来论证所有权，认为人们只有占有自己劳动所得，这种占有才有合法性和正当性。斯密和李嘉图创立劳动价值论，认为劳动创造价值。既然劳动创造价值，土地和资本没有创造价值，价值就应该归劳动者所有，不应该归土地所有者和资本家所有。这就是社会主义、共产主义运动的思想渊源。

在人类历史上，将劳动和劳动者提高到至高无上地位的是马克思、恩格斯。马克思在《资本论》中给“劳动”下这样一个定义：“劳动首先是人和自然之间的过程，是人以自身的活动来中介、调整和控制人和自然之间的物质变换的过程。”[③]为了适应知识经济时代，我们现在应该进一步说，劳动是人和自然界之间物质、能量、信息的变换过程，包括体力劳动和脑力劳动。体力劳动以体力支出为主，脑力劳动以智力支出为主。劳动与人类其他活动的根本区别在于劳动是对象化的活动，也

---

① [古希腊]柏拉图：《理想国》，郭斌和、张竹明译，北京：商务印书馆1986年版，第154、155页。

② 参见[古希腊]亚里士多德：《政治学》，吴寿彭译，北京：商务印书馆1965年版，第11～13页。

③《马克思恩格斯选集》第2卷，中共中央编译局编，北京：人民出版社1995年版，第177页。

就是物化的活动，劳动的对象化或物化是指一切劳动以生产产品为目的，因此表现为生产和再生产的过程。马克思和恩格斯将这种“生命（直接生活）的生产和再生产”划分为四类：第一类是物质资料包括生活资料以及生产资料（工具）的生产和再生产。这是通过劳动进行的“自己生命的生产”。为了适应生态文明时代，我们现在应该同时将物质资料的生产和再生产理解为自然、人文地理环境的生产和再生产，就是不断地生产和再生产适宜人类居住的自然、人文地理环境。第二类是人类自身（人口）的生产和再生产。这是通过生育（家庭）进行的“他人生命的生产”。第三类是交往形式（社会关系以及规范、制度）的生产和再生产。第四类是思想、观念、意识（精神）的生产和再生产。[①]譬如，当一个工人生产剩余价值时，他同时生产和再生产了占有剩余价值的资本家和工人的社会关系，也就是资本主义社会关系，这就是物质资料的生产和交往形式的生产之间的关系。又如，当一个妇女生产一个孩子时，她同时生产了这个孩子和自己父母以及他人的一切社会关系，这就是人类自身的生产和交往形式的生产之间的关系。甚至人们的思想、观念和社会的意识形态，也是人们不断生产和再生产出来的。按照马克思的观念，整个对象世界是人们通过劳动、交往以及社会实践不断生产和再生产的产物和表现，这种

① 参见《马克思恩格斯选集》第1卷，中共中央编译局编，北京：人民出版社1995年版，第79～81页；《马克思恩格斯选集》第4卷，中共中央编译局编，北京：人民出版社1995年版，第2页。

生产和再生产的过程就是全部人类历史。在《1844年经济学哲学手稿》中，马克思说："通过实践创造对象世界，改造无机界，人证明自己是有意识的类存在物，就是说是这样一种存在物，它把类看作自己的本质，或者说把自身看作类存在物。""因此，正是在改造对象世界中，人才真正地证明自己是类存在物。""整个所谓世界历史不外是人通过人的劳动而诞生的过程，是自然界对人来说的生成过程。""历史是人的真正的自然史。"[①]因此，对象世界并不是一个纯粹自在的世界，而是一个人化世界，亦即人的本质力量对象化的世界。

后来，恩格斯在《自然辩证法》中，研究"劳动在从猿到人的转变中的作用"。在达尔文生物进化论"人猿同种"的发现的基础上，恩格斯进一步提出了"劳动创造了人本身"的著名论断。

在《1844年经济学哲学手稿》中，马克思特别研究了异化劳动问题，劳动异化是劳动对象化和物化的特殊表现形式，当劳动者不能支配自己生产的劳动产品，并反过来被自己生产的劳动产品所支配时，就是劳动异化。产生了异己对象的劳动，就是异化劳动。私有财产是异化劳动的产物和表现。不仅扬弃私有财产，而且扬弃作为私有财产起源和本质的异化劳动，这就是共产主义。共产主义就是通过私有财产和异化劳动的扬弃，回归人的真正本质即自由自觉的劳动，充分实现人的自由。[②]

---

① 《马克思恩格斯全集》第3卷，中共中央编译局编译，北京：人民出版社2002年版，第273、274、310、326页。

② 参见同上书。

在《资本论》中，马克思继承和发展了劳动价值论，认为劳动的二重性决定价值的二重性，也就是说，具体劳动创造商品的使用价值，抽象劳动创造商品的价值。在劳动价值论的基础上，马克思进一步创立了剩余价值论。他把劳动和劳动力两个概念区分开来，认为资本家购买的是工人的劳动力，资本家付给工人的工资是劳动力的价值或价格，只能维持劳动者本人及家属的生存。而劳动则能够创造超出劳动力价值的价值，这种由劳动者创造而归资本家所有的价值就是剩余价值。[①]剩余价值论揭露了资本家剥削工人的秘密，为“剥夺剥夺者”的革命合法性和正当性提供了科学的论证。

阿伦特将人的活动划分为劳动、工作、行动三个层面。阿伦特批判马克思对劳动的定义，借用“洛克在工作的双手和劳动的身体之间所作的区分”，将“劳动”和“工作”定义为“我们身体的劳动和我们双手的工作”。她的定义就是回到希腊古典时代，将劳动和工作的区分建立在私人领域和公共领域的区分、私人事务和公共事务的区分之基础上。家庭是私人（家政亦即经济）领域，包括夫妇、父母子女、主奴三种关系。城邦是公共（政治）领域，是指公民之间关系。劳动是私人事务，包括奴隶的苦役和妇女的生育，是身体性的，直接以身体和身体器官为工具，是“我们身体的劳动”。工作是公共事务，是指公民的活动，是程序性和规范性的，是“我们双

---

① 参见《马克思恩格斯全集》第44卷，中共中央编译局编译，北京：人民出版社2001年版。

手的工作”。在生产性劳动和非生产性劳动、技术工作和非技术工作、体力劳动和脑力劳动的区分中，阿伦特所定义的“劳动”大致属于非生产性、非技术的体力劳动。而她所定义的“工作”则大致相反。[①]

马克思的“劳动”是广义的，包括“工作”。而阿伦特的“劳动”是狭义的，不包括“工作”。按照阿伦特的划界标准，人类普遍劳动时代已经结束。随着机器和智能机器的出现，绝大多数人在绝大多数情况下无需承担这样一种劳动。奴隶的苦役即使没有绝迹，也只是极少数人在极个别情况下从事的活动。随着现代医学和现代医疗条件的改进，妇女的生育也无需付出繁重的体力。因此，人类已经进入普遍工作时代。阿伦特的“工作”可以说是一种程序化和规范化的劳动。所谓工作，就是按部就班，不仅体力支出有限，脑力支出同样有限。其根本特征是讲程序，重规范。这种工作已经替换劳动，成为当今人们获取生活资源的主要渠道，构成当今人们日常生活的主要环节。但是，正是在这样一种工作中，劳动异化在工作异化中被进一步强化。不断重复的工作日程、刻板统一的工作秩序消磨了人的独立性和创造性，将人机械化为工作机器。随着科技和经济的发展，缩短人的必要工作时间亦即人的必要劳动时间，延长人的闲暇时间，是扬弃劳动异化和工作异化的现实途径。但是，当扬弃的历史条件尚未具备时，劳动和工作不仅

① 参见[美]汉娜·阿伦特：《人的境况》，王寅丽译，上海：上海人民出版社2009年版，第60～68页。

是必要的，而且就它们是创造人类和对象世界的根本源泉和动力而言，仍然是光荣的。

普遍劳动时代的伦理是劳动伦理，是从按劳分配原则（“多劳多得，少劳少得，不劳动者不得食”）中引申出来的，是人类社会相当一段历史时期亦即物质资源普遍匮乏时期的基本伦理。“劳工神圣”是在这个意义上成立的。但是，由于普遍劳动时代已经结束，普遍工作时代已经到来，劳动伦理已经被工作伦理所替换。“不劳动者不得食”已经被人道主义原则所推翻，人类生产的物质财富足以人性地养活那些失去劳动能力或者劳动条件的人。普遍工作时代的伦理是工作伦理，工作伦理是人们在工作中应该遵循的道德规范，包括两个基本方面，一是责任伦理，要求人们在工作中各司其职，各负其责，尽职尽责；二是信用伦理，要求人们言行一致、诚实守信、将心比心。责任伦理是对自己而言，信用伦理是对他人而言，两者合一就是工作伦理。

劳动是人们为自身生理需要所强制的。马克思的理想是自由自觉的劳动，是从劳动异化中解放出来的劳动。这种劳动按照阿伦特的理解，已经不是劳动，甚至不是工作，而是行动。在阿伦特的人的活动中，劳动是身体性的，主要满足私人需要，劳动异化是将人异化为动物；而工作则是程序性和规范性的，主要满足公共需要，工作异化是将人异化为机器。二者只有通过闲暇时间的生产和再生产才能予以扬弃。闲暇时间的生产和再生产是充分实现人的自由的前提条件，人的自由发展可以通过创造生活和享受生活两种方式表现出来，这也就是创业和休闲。

工作创造幸福。在中学考试作文《青年在选择职业时的考虑》一文中，马克思说：

如果我们选择了最能为人类而工作的职业，那么，重担就不能把我们压倒，因为这是为大家作出的牺牲；那时我们所享受的就不是可怜的、有限的、自私的乐趣，我们的幸福将属于千百万人，我们的事业将悄然无声地存在下去，但是它会永远发挥作用，而面对我们的骨灰，高尚的人们将洒下热泪。[①]

---

① 《马克思恩格斯全集》第1卷，中共中央编译局编译，北京：人民出版社2001年版，第459～460页。

谈创业：自我实现

创业成就伟大。然而，任何一种伟大都没有终结真理，都只是开辟了通往真理的道路。这种伟大建立在平凡劳动和工作的基础上，建立在勤奋和刻苦学习的基础上。

广义地说，创业也是一种工作，工作包括创业；狭义地说，按照我们关于日常人生和非常人生的划分，创业是非常人生的组成部分，而工作则是日常人生的组成部分。这就是说，绝大多数人终其一生无需创业也能生存，极少数人在绝大多数情况下也只是劳动或工作，只有在极个别情况下，他们才在从事创业。比较而言，工作是自我价值实现的方式，但创业却是使自我价值最大化的途径。工作是知识存量的活动，创业是知识增量的活动。当然，二者是相对划分的，工作中也有创业的必要和可能，创业中更有工作的辛劳和绩效。

马斯洛的人本主义心理学（“第三思潮”）批判以病态、变态人的心理来衡量健康、正常人的心理的弗洛伊德的精神分析学（“第一思潮”）和以动物心理来衡量人的心理的华生的行为主义心理学（“第二思潮”），主张以超常人（“自我实现的人”）的心理来衡量普通人的心理，着重心理潜能的开发和利用。[①]人的最高价值追求就是自我实现，所谓“自我实现的人”，就是使自我价值最大化的人。

人的价值是怎样实现的？归根结底人们只有通过自身的劳动和工作创造价值，才能实现自我价值。正是这样，斯密和李嘉图在政治经济学意义上创立了劳动价值论。然而，劳动价值论受到了两个方向的批判，一个是综合价值论，一个是知识价值论。

综合价值论认为，价值不是以劳动为唯一源泉的，而是以土地（自然资源）、资本和劳动三个要素为主要源泉的。密尔是其中的主要代表人物。马克思在反驳综合价值论时指出，综合价值论混淆了价值构成和价值源泉的关系，用价值构成来替换价值源泉，虽然土地、资本、劳动共同构成了商品的价值，决定了地租、利润（剩余价值）、工资在地主、资本家、工人三个社会基本阶级中的分配，马克思仍然坚持，劳动是创造价值的唯一源泉。资本家是通过剥削工人创造的剩余价值生活的，地主是通过转移部分剩余价值生活的。但是，综合价值论仍有它的理论意义和现实意义，尤其在当代生态意识觉醒后，自然参与价值创造已经成为人们的共识，因此，人们不能无偿使用自然资源，必须为使用自然资源付出相应的代价。同样，人们也不能无偿使用资本，也必须为使用资本承担相应的风险。

---

① 参见[美]戈布尔：《第三思潮：马斯洛心理学》，吕明、陈红雯译，上海：上海译文出版社2001年版。

知识价值论认为，不是一般劳动，——包括体力劳动和脑力劳动，——是创造价值的唯一源泉，而是知识（创新）是创造价值的主要源泉。熊彼特所提出的“创新”，不仅仅是科学的发现、技术的发明，也是新的生产要素或生产要素的新的组合：

这个概念包括下列五种情况：（1）采用一种新的产品——也就是消费者还不熟悉的产品——或一种产品的一种新的特性。（2）采用一种新的生产方法，也就是在有关的制造部门中尚未通过经验检定的方法，这种新的方法决不需要建立在科学上新的发现的基础之上；并且，也可以存在于商业上处理一种产品的新的方式之中。（3）开辟一个新的市场，也就是有关国家的某一制造部门以前不曾进入的市场，不管这个市场以前是否存在过。（4）掠取或控制原材料或半制成品的一种新的供应来源，也不问这种来源是已经存在的，还是第一次创造出来的。（5）实现任何一种工业的新的组织，比如造成一种垄断地位（例如通过“托拉斯化”），或打破一种垄断地位。

我们把它定义为：创新就是生产函数的变动，而这种函数是不能分解为无限小的步骤的。①

从知识价值角度说，创新就是在保证知识价值存量不变的

① [美]约瑟夫·熊彼特：《经济发展理论——对于利润、资本、信贷、利息和经济周期的考察》，何畏、易家祥等译，北京：商务印书馆1990年版，第73~74、290页。

前提下，实现知识价值增量。即使在劳动价值论中，马克思就已经发现了这样一个规律：复杂劳动（知识劳动）是倍加的简单劳动。有一个故事最能够说明问题：20世纪初，美国福特公司正处于高速发展时期。突然，一台电机出了毛病，整个车间的相关的生产工作停止运转，造成了巨大的经济损失。公司调来大批的工人和专家，既找不到问题出在哪里，更谈不上维修，于是邀请著名物理学家、电机专家斯坦门茨帮助。斯坦门茨仔细检查了电机，然后用粉笔在电机外壳画了一条线，要求工作人员打开电机，在记号处把里面的线圈减少16圈。令人惊异的是，故障竟然排除了！生产立刻恢复了！福特公司经理问斯坦门茨要多少酬金，斯坦门茨说要1万美元。当时福特公司最著名的薪酬口号是“月薪5美元”，这在当时是很高的工资待遇。1万美元超过了一个普通职员100多年的收入总和！斯坦门茨看到大家迷惑不解，转身开了一个清单：画一条线，1美元；知道在哪儿画线，9999美元。福特公司经理看了之后，不仅照价付酬，而且重金聘用斯坦门茨。这就是知识的价值，是普通劳动的价值倍加。

我们要进行创新，就必须首先把握知识和知识价值的特征。知识是人类认知活动的积极成果。这种积极意义可以用真理（合规律性）和价值（合目的性）两种尺度的统一来衡量。所谓知识价值，其中价值成分是以真理成分为根源的。真理性和价值性的统一是知识亦即知识价值的本质属性。这是第一。第二，就知识总体说，知识价值的生产、分配和使用具有无限性。实物是稀缺的，这就决定了实物经济收益递减，表现为经济增长的周期性以及非可持续性发展。同时，实物只能分享，在分享中价值递减。相反，知识是丰富的，这就决定了知识经济收益递增，表现为经济增长的非周期性以及可持续性发展。同时，知识还能共享，在共享中价值递增。正是在这一意义上，人们将实物——有形资产称为“有限制资本”，相反，将知识——无形资产称为“无限制资本”。第三，就知识单元说，知识价值的生产、分配和使用具有创新性。“知识爆炸”不仅是指知识在量上的迅速扩张，而且是指知识在质上的迅速更新。编码化知识如此，隐含经验类知识同样如此。新的知识一旦出现，旧的知识立刻淘汰。变换如此迅速，让人应接不暇。同时，由于知识分工，随着人类知识总量递增，个人知识绝对量递增，相对量递减。这就推动了知识劳动的社会协作。第四，就知识单元和知识总体的统一说，知识价值具有一体性。以“知识经济”概念来代替“信息经济”概念，本身就表明了这种经济不仅仅是以某种高新科技知识（如信息技术、生物技术等）为基础的，而是以知识总体为基础的。这种知识总体不仅体现了基础科学知识和应用科学（技术）知识的统一，而且体现了（自然）科学技术知识和社会、人文科学知识、思维科学知识等等的统一。事实证明，科学技术是“双面刃”，既有造福于人类的一面，又有遗祸于人类的一面，如信息技术中的病毒技术和信息战、生物技术中的克隆技术和基因战等，对于人类的生存和发展构成了严重的威胁，这就要求我们运用社会、人文科学知识（如政治法律、伦理道德等）加以范导。不仅如此，社会、人文科学知识（如管理科学、行为科学、环境科学、人口科学等），可以通过制度创新，构造适宜条件，推动知识创新。总之，知识经济是以一体化的知识为基础的，这种知识形成了以科学技术知识为硬知识，以社会、人文知识为软知识的一体化格局。知识的一体化可以保证经济和社会的可持续发展，促进经济和社会的全球化。

作为一种创新活动，所谓创业就是实现知识增值，进而实现财富增值。所谓创新就是这样一个过程：你无我有，你有我多，你多我好，你好我新，始终处于领先行列。而所谓原创则是填补空白的创新。我们已经进入知识经济时代，不是劳动，不是工作，而是创业，才能真正创造高附加值。

知识经济和经济全球化亦即全球经济转向知识经济是当今时代的两大根本特征。按照经济合作与发展组织（OECD）的提法，“知识经济”亦即“以知识为基础的经济”是“直接依据于知识和信息的生产、分配和使用”的经济。①知识经济和经济全球化具有自身特征。人们经常谈论的基本特征有：马太效应、多米诺骨牌效应和蝴蝶效应等等。马太效应描述的是强者愈强，弱者愈弱，富者愈富，贫者愈贫的两极分化现象。它的名称来自《圣经·新约全书》中的一个故事：一个人要往外国去，就叫了仆人来，把他的家业交给他们，按着各人的才干，给他们银子，一个给了五千，一个给了二千，一个给了一千。那领五千的随即拿去做买卖，另外赚了五千；那领二千

① 《以知识为基础的经济》，经济合作与发展组织（OECD）编，杨宏进、薛澜译，北京：机械工业出版社1997年版，第1页。

的也照样另赚了二千；但那领一千的去掘开地，把主人的银子埋藏了。过了许久，那些仆人的主人来了，和他们算帐。主人奖励了前面两个仆人，惩罚了最后一个仆人：“夺过他这一千来，给那有一万的。因为凡有的，还要加给他，叫他有余；没有的，连他所有的也要夺过来。”[1]好的愈好，坏的愈坏，多的愈多，少的愈少，这就叫做“马太效应”，也叫“胜者通吃”“赢家通吃”。这就告诉我们：创新在于创造品牌，成功在于吸引眼球。多米诺骨牌效应和蝴蝶效应描述的是连锁反应。在一个相互联系的系统中，一个很小的初始能量产生一连串的连锁反应，叫做“多米诺（骨牌）效应”。在一个动力系统中，初始条件微小的变化带动整个系统的长期的巨大的连锁反应，这种混沌现象叫做“蝴蝶效应”：“一只南美洲亚马逊河流域热带雨林中的蝴蝶，偶尔扇动几下翅膀，可以在两周以后引起美国德克萨斯州的一场龙卷风。”牵一发，动全身；差之毫厘，谬以千里；一招不慎，满盘皆输。这又告诉我们：初始决定一切，细节决定成败。

如何创新？创新既要具备创新思维，更要掌握创新方法。著名的创新方法有：头脑风暴法、奥斯本检核表法和思路提示法等等。头脑风暴法和奥斯本检核表法都是由美国创造学家奥斯本提出的。头脑风暴法又称“智力激励法”“BS法”“自由思考法”，分为直接头脑风暴法（简称“头脑风暴法”）和质

---

①《圣经·新约全书》“马太福音”第25章。

疑头脑风暴法（亦称“反头脑风暴法”）。前者是在专家群体决策时尽可能多地激发创造性，产生尽可能多的方案和设想的方法，后者是对前者提出的设想、方案逐一质疑，分析其现实可行性的方法。其基本原则有：自由畅谈、延迟评判、禁止批评、追求数量。奥斯本检核表法是指引导主体在创造过程中对照9个方面的问题进行思考，以便启迪思路，开拓思维想象空间，促进人们产生新设想和新方案的方法。其中9个问题包括：有无其他用途？能否借用？能否改变？能否扩大？能否缩小？能否代用？能否重新调整？能否颠倒？能否组合？思路提示法是由上海创造学会研究出来的一种12句话聪明法，共36个字：加一加、减一减、扩一扩、缩一缩、变一变、改一改、联一联、学一学、代一代、搬一搬、反一反、定一定。

创业是人类精英的创新事业。人类没有创业，世界将会变成一片空白。我们无法想象，没有蒸汽机，没有电气化，没有电子计算机，人们的生活将会是怎样的一番景象？当今时代，电脑、手机已经普及每一个人。有两个品牌风靡全球：一是微软，一是苹果。有两个人物闻名遐迩：一是微软公司的创始人比尔·盖茨，一是苹果公司的创始人史蒂夫·乔布斯。他们都是美国人，都出生于1955年，甚至为了创业，两人都中途放弃了大学学业，走自己的路。从1995年到2007年，在《福布斯》全球亿万富豪排行榜中，比尔·盖茨连续13年蝉联世界首富。2008年，他把580亿美元个人财产捐献给比尔与美琳达·盖茨基金会。从那以后，盖茨在《福布斯》全球富豪榜中依然名列前茅。史蒂夫·乔布斯所拥有的财富虽然无法与盖茨比，但他所获得的成就却与其相当。他们的成就并不在于他们的财富积累，而在于他们的知识创新，他们是名副其实的“知识英雄”。

袁隆平被称为“米神”“当代神农氏”和“杂交水稻之父”。他的杂交水稻被称为继指南针、火药、造纸术和活字印刷术之后的中国第五大发明。袁隆平赞成这样一个公式：知识+汗水+灵感+机遇=成功。他的知识创新不仅解决了中国人的吃饭问题，而且给全人类带来了消除饥饿的福音。

虽然创业就是创新，但创新却不局限于创业。它还包括观念创新、制度创新等等。梵高的艺术创新是采用点彩画法，将视觉形象转换为内心情感。邓肯是现代舞的创始人，是第一位披头赤脚在舞台上表演的艺术家。她的艺术创新就是将僵化和刻板的古典芭蕾舞转化为建立在自然的节奏和动作之上的现代舞。邓肯毕生从事舞蹈的改革和创新，她的实践和理论为现代舞蹈的发展开辟了道路，成为“现代舞蹈之母”。

爱因斯坦创立了狭义相对论和广义相对论，并和其他科学家一起创立了量子力学，被誉为是继牛顿之后最伟大的科学家。爱因斯坦的相对论和量子力学之所以比较牛顿的经典力学是一次伟大的科学创新，是因为它满足了两个条件：一是具有牛顿经典力学的知识存量，凡牛顿经典力学能解释的，它也能解释；二是具有超越牛顿经典力学的知识增量，凡牛顿经典力学不能解释的，它还能解释。它将牛顿经典力学作为一个特例，这正是科学创新的范例。爱因斯坦在青年时，发现了一个成功的公式：A=X+Y+Z。A是成功，X是正确方法，Y是努力工作，Z是少说废话。

创业成就伟大。然而，任何一种伟大都没有终结真理，都只是开辟了通往真理的道路。这种伟大建立在平凡劳动和工作的基础上，建立在勤奋和刻苦学习的基础上。牛顿说：

我不知道世人怎样看我；但是在我自己看来，我不过就像是一个在海边玩耍的孩子，不时为拾到比通常更光滑的石子或者更美丽的贝壳而沾沾自喜，而展现在我面前的浩瀚的真理海洋却全然没有发现。

如果说我曾经看得更远些，那是因为我站在巨人们肩上的缘故。[①]

---

①《牛顿传》，刘宸编著，沈阳出版社1997年版，第257、260页。

谈休闲：便是人间好时节

只有在闲暇中，人们才能自由发展；只有在闲暇中，人们才能享受生活。人类若没有闲暇，就没有科学、哲学和艺术乃至整个文化和文明的形成和发展。

学习是个人能力的培养，劳动、工作和创业是社会价值的创造，而休闲则是个人需要的满足，是社会价值的享用。它们先后相继，因果相承，是自我实现的必要环节。学习、工作和创业是个人的社会化，是进入公共领域的过程；而休闲则是个人的自我化，是返回私人领域的过程。“休，息止也，从人依木”，[①]传递的是人倚木歇息的画面。“负者歌于途，行者休于树”，[②]恬静而惬意，吉庆而欢乐。“闲，阑也，从门中有木”，[③]既可以指规范和界限，也可以指轻松自在的生活状态。闲还通娴，有娴静、纯洁和安宁之意。休和闲都表达了人与自然的和谐关系，说明休闲不仅仅指闲暇状态，更是一种生活方式，一种心境。

① 《说文解字》“休”。
② [宋]欧阳修：《醉翁亭记》。
③ 《说文解字》“闲”。

我们常说改变心情就改变了世界，那是因为“物随心转，境由心造”，若我们能抛开内心烦恼，心胸就会宽广起来，万事万物也会变得美好起来。正如一首禅宗偈颂所描绘的那样：

春有百花秋有月，夏有凉风冬有雪。

若无闲事挂心头，便是人间好时节。[①]

通往“人间好时节”的路径是“若无闲事挂心头”，这也就是休闲所要求的一种心境：驱除人生烦恼，享受美好生活。

人们常说为工作而休息，仿佛工作才是目的，是正业，休闲只是手段，是业余生活。其实还有另外一个方面，劳动、工作和创业也是手段，休闲也是目的，人们也是为休息而工作。亚里士多德早就明确指出：“全部的人生也有不同的区分——勤劳与闲暇，……勤劳只是获得闲暇的手段”；“而闲暇又正是勤劳（繁忙）的目的”。“人类天赋具有求取勤劳服务同时又愿获得安闲的优良本性。……我们全部生活的目的应是操持闲暇。勤劳和闲暇的确都是必需的；但这也是确实的，闲暇比勤劳为高尚，而人生所以不惜繁忙，其目的正是在获致闲暇。”[②]但亚里士多德也将休闲与消遣区别开来，认为“休息不

① [宋]无门慧开：《禅宗无门关》“平常是道”。

② [古希腊]亚里士多德：《政治学》，吴寿彭译，北京：商务印书馆1965年版，第395、398、416页。

是目的，因为我们是为着实现活动而追求它。”[①]我们应该如何理解这样两个似乎自相矛盾的说法呢？关键在于，无论劳动、工作和创业，还是休闲，它们都服务于人的自我实现。休闲首先不仅仅是消费，尤其不是浪费和奢侈。一个人享用的价值应该严格小于他/她所创造的价值。因为若所有人享用的大于他/她们所创造的价值，则社会退步；若所有人享用的等于他/她们所创造的价值，则社会停滞；只有所有人享用的小于他/她们所创造的价值，社会才能进步。当然，在具有充分剩余价值时，社会应该满足个人生存底线，无论他/她们是否尽其所能，只要遵守社会秩序，他/她们的尊严和自由就应得到保证。虽然休闲必须以享受一定的物质财富和精神财富为前提，但它的目的却是自我实现。休闲中的自我实现与劳动、工作和创业中的自我实现相比较，在于它的本质就是享受自由。

闲暇时间是休闲的前提。劳动、工作和创业，都是生产和再生产，无论生产和再生产我们的物质财富、人类自身、社会关系，还是生产和再生产我们的精神财富，归根结底都是生产和再生产我们的闲暇时间。闲暇时间就意味着自由。因此，自由不是生来具有的，而是人们不断生产和再生产出来的。在其他条件不变的情况下，闲暇时间愈多，自由也就愈多；闲暇时间愈少，自由也就愈少。只有在闲暇中，人们才能自由发展；只有在闲暇中，人们才能享受生活。人类若没有闲暇，就没有

---

① [古希腊]亚里士多德：《尼各马可伦理学》，廖申白译注，北京：商务印书馆2003年版，第304页。

科学、哲学和艺术乃至整个文化和文明的形成和发展。

希腊的辉煌文化和灿烂文明就依赖于希腊人尤其雅典人的贵族生活即闲暇生活，这一点在黑格尔对苏格拉底哲学活动的境遇和方式的精彩描述中可见一斑：

他的哲学和他研讨哲学的方式是他的生活方式的一部分。他的生活和他的哲学是一回事；他的哲学活动决不是脱离现实而退避到自由的纯粹的思想领域中去的。产生这种同外部生活联系的原因，是他的哲学不企图建立体系；他研讨哲学的方式本身毋宁说就包含了同日常生活的联系，而不像柏拉图那样脱离实际生活，脱离世间事务。

说到他的专门职业，他的哲学讲授，或者更恰当点说，他的社交活动（因为严格说那不是讲授），他同每一个人，同各个阶级、各种年龄、各种行业的人们的社交活动，——他的哲学的社交生活，在外表上是与一般雅典人相同的：他们最大部分时间无所事事，而在市场上闲逛，或者到公共运动场里去游荡，有时在这里作作体操，此外主要地是聊天。这种社交方式只有在雅典的生活方式之下才有可能。大部分工作，在现在是由自由公民——无论是共和国或君主国的自由公民——作的，在那时则是由奴隶作的，工作被认为对于自由人是不光荣的。……在今天，这样一种优游生活与我们的习惯是完全不相容的。苏格拉底也这样游荡着，生活在对于道德问题的无休止的讨论中（……）。他所作的正是他所擅长的事，一般说来这可以叫做道德的说教；但是这并不是一种讲道、训诫、讲授或枯燥的道德说教等等。因为这种东西在雅典人中间，在阿提卡文雅风度中是无地位的，这不是一种平等的自由的合理的关系。恰巧相反，他同任何人谈话，都保持着阿提卡的文雅风度的特点，不自以为是，不好为人师，不强人从己，充分保证并尊重他人的自由权利，避免一切粗暴无礼的态度。因此，克塞诺封的、特别是柏拉图的对话集，成为这种优美的社交文化的最高典范。①

建立在奴隶制度基础上的贵族闲暇生活、建立在城邦制度基础上的贵族社交生活，这就是当时希腊雅典令人向往的地方。一帮精神贵族，在“无所事事”“闲逛”“游荡”“聊天”中度过了无数优游的岁月。在整个世界历史上，这样一种生活方式几乎是独一无二的。无论是古代的中国和印度，还是近代欧洲、现代西方，都不存在，也不可能充分地复制和翻版这一生活方式。当然，站在今天的立场上，我们可以指责当时希腊人（包括雅典人）奴役奴隶和在社交生活中拒斥妇女的社会制度，因为希腊人的闲暇生活仅仅属于自由人的生活，自由人不劳动亦不工作，是建立在奴隶、妇女、外邦人劳动和工作的基础上的。但是，正是在这样一种剥削、压迫制度下，一个小民族对于人类做出了许多大民族不及的贡献，当时希腊人，尤其雅典人享有这样一种荣誉。

---

① [德]黑格尔：《哲学史讲演录》第2卷，贺麟、王太庆译，北京：商务印书馆1960年版，第51、51～52页。

在现代人的生活方式中，未成年人的主要任务是学习，成年人的主要任务是劳动、工作和创业，老年人便休闲。这是人生一个大的周期，还有一些小的周期。每年有节假日，每周有星期日。在犹太教经典《圣经·旧约全书》中，上帝在前五日创造天地、万事万物，第六日创造人，“天地万物都造齐了。到第七日，神造物的工已经完毕，就在第七日歇了他一切的工，安息了。神赐福给第七日，定为圣日，因为在这日神歇了他一切创造的工，就安息了。”[①]连上帝都需要休息，更何况人类了。

在现代生活中，每一个人都可拥有闲暇时间，但却不是每一个人都能真正达到休闲这样一种人生状态。林语堂特别阐发了“中国的悠闲理论”，认为“美国人是闻名的伟大的劳碌者，中国人是闻名的伟大的悠闲者”。这一句话当然是以偏概全的说法，中国人的勤劳同样是举世闻名的。他说：“文化本来就是空闲的产物。所以文化的艺术就是悠闲的艺术。在中国人心目中，凡是用他的智慧来享受悠闲的人，也便是受教化最深的人。在哲学的观点上看来，劳碌和智慧似乎是根本相左的。智慧的人绝不劳碌，过于劳碌的人绝不是智慧的，善于优游岁月的人才是真正有智慧的。”[②]这个说法同样是片面的，中国人既是勤劳的，也是智慧的，更是勇敢的。但智慧和文化产

①《圣经·旧约全书》“创世纪”第2章。

② 林语堂：《生活的艺术》，越裔汉译，西安：陕西师范大学出版社2003年版，第119、120～121页。

生于悠闲却是一个真理。

休闲固然需要一定的物质基础，但它却不是富有者和成功者独享的权利，而是一种达观心态，只有具备这种心态的人才能真正领略悠闲生活的乐趣，才能真正享受悠闲生活的意味。中国传统就有所谓“孔颜乐处”，是指孔子倡导的人生境界以颜渊和自己为榜样：“贤哉回也！一箪食，一瓢饮，在陋巷。人不堪其忧，回也不改其乐。贤哉回也！”“饭疏食饮水，曲肱而枕之，乐亦在其中矣。不义而富且贵，于我如浮云。”[①]后人所谓“寻颜子仲尼乐处，所乐何事？”[②]其实这是孔子倡导的“安贫乐道”的生活方式：安于物质清贫，乐在精神富有。刘禹锡的《陋室铭》揭示了同样一个道理：“山不在高，有仙则名。水不在深，有龙则灵。斯是陋室，惟吾德馨。苔痕上阶绿，草色入帘青。谈笑有鸿儒，往来无白丁。可以调素琴，阅金经。无丝竹之乱耳，无案牍之劳形。南阳诸葛庐，西蜀子云亭。孔子云：‘何陋之有？’”[③]据史料记载，刘禹锡因革新失败、得罪权贵而被贬为安徽省和州县通判。按当时规定，他应住衙门内三间三厅之房。可知县是一个势利小人，多方刁难他，先是安排城南门外临江三间小房；后又调至城北门河边，住房面积减半；最后搬到城中一间破旧小屋，只能容下一床一桌一椅。第一次面江而居，刘禹锡欣然接受，并作对联一幅：

---

① 《论语》“雍也”“述而”。

② [宋]程颢：《元公周先生濂溪集》“附录杂文”。

③ [唐]刘禹锡：《陋室铭》。

“面对大江观白帆，身在和州争思辩”。第二次位于河边，刘禹锡心平气和，更作一幅对联：“杨柳青青江水平，人在历阳心在京”。直到三次搬家，刘禹锡愤然之余，作成《陋室铭》，刻于石上，立在门前。虽然愤世嫉俗，依然表现了儒家所倡导的安贫乐道的生活态度。

中国传统还有所谓“庄禅境界”，就是庄子、禅宗所倡导的人生境界，也是休闲所需要的心理状态。

庄子倡导“逍遥游”，指一种个人精神绝对自由的境界。庄子《逍遥游》中的鲲鹏“水击三千里，抟扶摇而上者九万里，去以六月息者也”；蜩与学鸠“决起而飞，抢榆枋，时则不至而控于地而已矣”；斥鴳“腾跃而上，不过数仞而下，翱翔蓬蒿之间，此亦飞之至也。”大鸟和小鸟自然能力各不相同，都能顺乎自然地享受飞行之乐，但这只是一种形体上的逍遥，形体上的逍遥是受到外在条件制约的，充其量只是相对的逍遥，由此得到的快乐只是相对的快乐，而不是至乐。“若夫乘天地之正，而御六气之辩，以游无穷者，彼且恶乎待哉！”如果一个人能够凭藉自然的本性，顺应阴、阳、风、雨、晦和明的变化，游于无穷之中，从而超越主观与客观的界限，真正做到天人合一，这样的人才能达到至乐，这样的人就是至人，“至人无己，神人无功，圣人无名”。[①]无己才无所待，无功才无所依，无名才无所求，才能达到自由自在的理想境界。

---

①《庄子》“内篇・逍遥游”。

禅宗认为，信佛的人通常所理解的修行只是“有为”的修行，虽能产生若干功效，但却不能持久。因此，最好的修行方法应是“无为”的修行，即“不修之修”。所谓“不修之修”就是以平常心做平常事，做平常人。唐代青原惟信禅师把参禅分为三境界：“未参禅时，见山是山，见水是水。及至后来，亲见知识，有个入处。见山不是山，见水不是水。而今得个休歇处，依前见山只是山，见水只是水。”[①]入门之时，山不是那山，水不是那水。出道之时，山还是那山，水还是那水。然而心境已变，所谓“休歇”，便是休闲。参禅的过程就是寻求顿悟的过程，一旦顿悟，便可得道，得道者虽然所做的事情和普通人无两样，但事情的意义却是不一样的，因为得道者对任何事物都没有执著。“问：和尚修道，还用功否？师曰：用功。曰：如何用功？师曰：饥来吃饭，困来即眠。曰：一切人总如是。同师用功否？师曰：不同。曰：何故不同？师曰：他吃饭时不肯吃饭，百种须索。睡时不肯睡，千般计较。所以不同也。”[②]修行的人虽然与平常人一样吃饭、睡觉，然而烦恼已除。此即所谓“终日吃饭，未曾咬着一粒米。终日行，未曾踏着一片地。”“终日说事。未尝挂着唇齿，未曾道着一字。终日着衣吃饭。未曾触着一粒米，挂着一缕丝。”[③]

由于科技和经济的发展，现代社会给更多人提供了更多的

---

① [宋]普济：《五灯会元》“青原惟信禅师”。

② [宋]道原：《景德传灯录》“怀让禅师第二世马祖法嗣”。

③ [宋]颐藏：《古尊宿语录》“黄檗（希运）断际禅师宛陵录”“云门（文偃）匡真禅师广录上（门人明识大师赐紫守坚集）”。

闲暇时间，我们已经迈入普遍休闲时代。如何充分利用闲暇时间，享受自由、快乐和幸福的生活，已经成为现代社会人们所面临的一个基本问题，这个问题的重要性与日俱增，这就要求我们掌握休闲的技术和艺术，不仅乐于休闲，还要善于休闲。

休闲的方式和方法多多益善，“人莫乐于闲，非无所事事之谓也。闲则能读书，闲则能游名胜，闲则能交益友，闲则能饮酒，闲则能著书。天下之乐，孰大于是！”[①]闲暇时，可以读书、著书，提高自己的文学修养；可以弹琴、唱歌、跳舞、绘画、练书法，提高自己的艺术气质。你可以不是作家，可以不是演奏家、歌唱家、舞蹈家、画家、书法家，快乐就成。你可能成不了作家，成不了演奏家、歌唱家、舞蹈家、画家、书法家，无关紧要。不结果实的花照样美丽，不必追求累累果实，在阳光下尽情享受绽放的过程就够了。闲暇时，可以登山涉水，游览风光名胜，以修身养性，净化心灵。闲暇时，可以交益友，和朋友品茶、闲聊天，放飞心情，增进友谊。当然，闲暇既可以使人上进，也可以使人堕落，关键在于我们如何利用闲暇时间。

休闲决定品味。在“赠与今年的大学毕业生”的演说中，胡适说：

一个人应该有他的职业，又应该有他的非职业的顽艺儿，

① [清]张潮：《幽梦影》。

可以叫作业余活动。凡一个人用他的闲暇来做的事业，都是他的业余活动。往往他的业余活动比他的职业还更重要，因为一个人的前程往往全靠他怎样用他的闲暇时间。他用他的闲暇来打马将，他就成个赌徒；你用你的闲暇来做社会服务，你也许成个社会改革者；或者你用你的闲暇去研究历史，你也许成个史学家。你的闲暇往往定你的终身。[①]

① 《胡适文集》第5卷，欧阳哲生编，北京：北京大学出版社1998年版，第425页。

谈亲情：子子孙孙无穷匮

亲情，尤其双亲之爱，是每一个人的生命寄托。而人们也总是将天地拟人为“父母”。每当绝境之中，人们就会呼喊天地父母，这就是呼唤人自己的始基与本源。

学习、工作和创业是个人社会化即参与公共领域的过程，休闲是从公共领域到私人领域的过渡环节，亲情、友谊、爱情和居家是个人自我化即回归私人领域的过程。

亲情、友谊和爱情都属于人类之爱。一切的爱都源于自爱，从自爱产生亲情、友谊和爱情以及博爱众生和泛爱万物的崇高感情。一切感情都建立在自爱的基础上，若不爱自己，我们就不可能爱他人。

印度婆罗门教经典《奥义书》提出了自我创世说。既然自我是创造万物的源泉，那么对自我的爱也就是对万物的爱的开端。《大森林奥义书》有这样一段话：

哦，确实，不是因为爱丈夫而丈夫可爱，是因为爱自我而丈夫可爱。哦，确实，不是因为爱妻子而妻子可爱，是因为爱自我而妻子可爱。哦，确实，不是因为爱儿子而儿子可爱，是因为爱自我而儿子可爱。哦，确实，不是因为爱财富而财富可爱，是因为爱自我而财富可爱。……哦，确实，不是因为爱这些世界而这些世界可爱，是因为爱自我而这些世界可爱。哦，确实，不是因为爱这些天神而这些天神可爱，是因为爱自我而这些天神可爱。哦，确实，不是因为爱众生而众生可爱，是因为爱自我而众生可爱。哦，确实，不是因为爱一切而一切可爱，是因为爱自我而一切可爱。哦，确实，应当观看、谛听、思考和沉思自我。……确实，依靠观看、谛听、思考和理解自我，得知世界所有一切。①

东周时期，五霸之首齐桓公亲近竖刁、开方、易牙三人。竖刁自宫，伺候桓公左右；卫公子开方弃太子之位，置父母于不顾，称臣于桓公；易牙蒸子，救得桓公性命。三人因此获得桓公信任。但是，齐相管仲临终劝谏桓公勿用三人治国，以免乱国。韩非子记载了管仲与桓公的一段对话："公曰：'然则竖刁何如？'管仲曰：'不可。夫人之情莫不爱其身，公妬而好内，竖刁自獖以为治内，其身不爱，又安能爱君！'曰：'然则卫公子开方何如？'管仲曰：'不可。齐、卫之间，不过十日之行，开方为事君，于适君之故，十五年不归见其父母，此非人情也。其父母之不亲也，又能亲君乎！'公曰：'然则易牙何如？'管仲曰：'不可。夫易牙为君主味，君之

① 《奥义书》，黄宝生译，北京：商务印书馆2010年版，第46（92）页。

所未尝食唯人肉耳，易牙蒸其子首而进之，君所知也。人之情莫不爱其子，今蒸其子以为膳于君，其子弗爱，又安能爱君乎！’”[①]桓公不听管仲劝谏而任用三人，身死之后，易牙、竖刁、开方争权夺位，作乱齐国，致使桓公尸体腐臭而不得安葬。这个故事充分说明，不爱自己、不爱亲人，就不可能真正地爱他人，所有的只是私欲和野心。

我们应该严格区分自爱与自私的界限。孟子将“大体”（理性）与“小体”（感性）对立起来，由此将“大人”与“小人”对立起来：“从其大体为大人，从其小体为小人。……耳目之官，不思而弊于物，物交物则引之而已矣。心之官则思，思则得之，不思则不得也。此天之所与我者，先立乎其大者，则其小者不能夺也。此为大人而已矣。”[②]柏拉图、亚里士多德将人性划分为欲望、激情和理性，弗洛伊德将意识划分为潜意识（无意识、前意识）和意识，将人格划分为本我、自我和超我，类似于孟子的划分。概括起来，所谓自我，分小我与大我。小我是身体之我、肉体之我，大我是精神之我、灵魂之我。爱小我叫“自私”，爱大我叫“自爱”。

荀子讲了一个故事，这是孔子与三个弟子——子路、子贡、颜渊的对话：“子路入，子曰：‘由，知者若何？仁者若何？’子路对曰：‘知者使人知己，仁者使人爱己。’子

---

①《韩非子》“十过”。
②《孟子》“告子上”。

曰：‘可谓士矣。’子贡入，子曰：‘赐，知者若何？仁者若何？’子贡对曰：‘知者知人，仁者爱人。’子曰：‘可谓士君子矣。’颜渊入，子曰：‘回，知者若何？仁者若何？’颜渊对曰：‘知者自知，仁者自爱。’子曰：‘可谓明君子矣。’”[①]根据孔子评论，三个弟子达到三种知识和美德的境界：“士”“知己”“爱己”，这是较低境界；“士君子”“知人”“爱人”，这是中等境界；“明君子”“自知”“自爱”，这是较高境界。人贵有自知之明，更贵有自爱之明。自爱不仅是爱己，同样是爱人，因爱己而爱人，因爱人而爱己。它是爱己与爱人的统一。

将自我归结于自私，往往导致一种抽象集体主义理解方式，认为强调自我就是强调个人优先于集体的个人主义。诚然，离开了集体的个人是抽象的个人，但是，离开了个人的集体同样是抽象的集体。现实的个人是存在于集体中的，而现实的集体又是个人的组合。笛福小说《鲁滨逊漂流记》中的鲁滨逊表面上离开了集体和社会，实质上他正是依靠集体和社会提供的工具和知识才得以生存并支配星期五。有句话是：“大河有水小河满，大河无水小河干。”这句话是说明集体优先于个人的道理。但是，大河之水从何而来？正是成千上万小河之水汇集而成。从生命哲学角度来考察，生命是个人的感受和体验的集合，尤其是每一个人的自我意识。离开自我和具有自我意

① 《荀子》“子道”。

识的个人，抽象出“集体”的概念，并将之凌驾于个人之上，这是对生命的否决。“忘我”“大公无私”“毫不利己、专门利人”诚然是高尚的美德，但是不能被普遍化，假如所有人都忘我、无私、毫不利己，那么，大公、专门利人又为了谁？离开了个人的抽象集体必然是冒充的、虚假的和虚幻的“集体”，而不是真正的集体。正如利用宗教偶像一样，某些特殊个人正是这样假借集体名义，冒充集体化身，在集体利益的幌子下贩运个人利益，在集体意志的旗号下灌输个人意志，这就是抽象集体主义的真相。因此，我们应该坚持生命哲学的立场，捍卫生命的尊严和自由，把自爱作为一切爱的开端。

在人类爱的发端中，除了自爱之外，便是亲情。亲情是以血缘关系、婚姻关系、收养关系为纽带的人类感情，首先并主要是血缘感情。在这个意义上，它是人类最原始的感情，因为最原始的人类社会就是以血缘关系为纽带的氏族社会，包括母系氏族社会和父系氏族社会。亲情可以按纵向和横向来划分，或者按直系和旁系来划分。父母子女是纵向直系，伯、叔、姑、舅、姨与侄、外甥间是纵向旁系；兄弟姐妹是横向直系，堂（表）兄弟姐妹是横向旁系。母系亲属一般加个“外”字，其实是世代延续按照父系计算传统的遗存。

中国古代有一个“愚公移山”的故事。话说太行、王屋二山阻断了人们的道路。愚公率领子孙挖山不止。智叟嘲笑愚公“不惠”。愚公叹息智叟“固不可彻”。他说：

虽我之死，有子存焉。子又生孙，孙又生子；子又有子，子又有孙；子子孙孙，无穷匮也。[①]

愚公的真诚感动了上帝。上帝派遣了两位大力士神背走了两座大山。愚公移山故事说明："子子孙孙无穷匮"是中国人的生存根据，是中国人的力量源泉，这就将亲情提高到类似宗教的形而上学的高度，通过子孙后代延续自我生命，以解决有限和无限的关系。

因此，中国人特别注重历史延续，所谓"《春秋》三不朽"就表达了这样一种历史意识。春秋时期两位大臣讨论不朽问题，其中一位大臣在回答另一位大臣问题时提出所谓"三不朽"：

太上有立德，其次有立功，其次有立言。虽久不废，此之谓不朽。[②]

人固有一死，但我所树立的道德、我所建立的功业、我所创立的学说却可以永垂不朽。我们既不企求身体的不朽，也不企求灵魂的不朽，而是通过"三立"（"立德""立功""立言"），在历史的过程中达到人生的"不朽"。个人终有一死，社会势将不朽。好像"人民英雄永垂不朽"那样，这里没有任何神秘色彩，没有上帝，没有天国，这就是中国传统文化

---

① 《列子》"汤问"。
② 《春秋左传》"襄公下·襄公二十四年"。

固有的历史理性精神。因此，中华民族没有深厚的宗教意识，只有深厚的历史意识。这种历史意识同样放射着神圣的光辉。而历史的延续归根结底依赖于血统的延续。只有祖先，只有家族，普天之下，率土之滨，百姓共享天伦之乐，帝王亦得与民同乐。几千年来，中华民族在这样一个精神家园里，身心得以安顿，灵肉得以归依。

因此，中国传统伦理特别强调维系亲情。在某种意义上，中国传统伦理就是亲情伦理。尤其是儒家伦理的“孝、悌”观念，建构了中国传统宗法社会的基础。孝是适用于子（女）对父（母）的伦理道德准则，悌是适用于弟（妹）对兄（姊）的伦理道德准则。前者是纵向关系，后者是横向关系。但这种伦理是一种偏正结构，建立在不平等的基础上，如父慈子孝，兄良弟悌等。在父子、兄弟关系中，父和兄权利多而义务少，子和弟权利少而义务多，这是一种不平等的关系。这就叫做“爱有等差，施由亲始”。孔子弟子有子强调以“孝悌”为“人之本”：“其为人也孝悌，而好犯上者，鲜矣；不好犯上，而好作乱者，未之有也。君子务本，本立而道生。孝悌也者，其为人之本与？”[1]以“孝悌”为“人之本”，从而在纵（父子）横（兄弟）两个向度上将中国传统宗法等级制度构造起来。

在亲情中，母爱和父爱是最伟大的。一般地说，父母对子女的爱远远超过子女对父母的爱。《诗经·小雅》有一首诗叙

---

①《论语》“学而”。

述了父母的恩情和子女无以为报的深切痛楚：

蓼蓼者莪，匪莪伊蒿；哀哀父母，生我劬劳。
蓼蓼者莪，匪莪伊蔚；哀哀父母，生我劳瘁。
瓶之罄矣，维罍之耻。鲜民之生，不如死之久矣！
无父何怙？无母何恃？出则衔恤，入则靡至。
父兮生我，母兮鞠我。拊我畜我，长我育我，
顾我复我，出入腹我。欲报之德，昊天罔极！
南山烈烈，飘风发发。民莫不穀，我独何害？
南山律律，飘风弗弗。民莫不穀，我独不卒！①

母爱比父爱更伟大。母子连体、母子连心。中国古代最著名的母爱故事，一是孟母三迁，二是岳母刺字。孟母三迁是说孟子母亲为了儿子受到良好环境和教育的熏陶，搬家三次，用心良苦。岳母刺字是说岳飞母亲在儿子脊背上刺了“精忠报国”四字，勉励其子竭尽忠诚，报效国家。两位母亲是伟大的，而绝大多数母亲却是平凡的，但是，即使平凡的母亲，也表现了伟大的母爱：

慈母手中线，游子身上衣。
临行密密缝，意恐迟迟归。

---

①《诗经》“小雅·蓼莪”。

谁言寸草心，报得三春晖。[1]

父母子女之间不仅是感情的联系，而且是事业的联系。父母寄希望于儿女，儿女完成父母未竟之业，乃是人之常情、世之常理。大仲马与小仲马是一对父子，大仲马创作了许多文艺作品，但是他认为，最得意的作品就是小仲马，因为小仲马创作了一部小说《茶花女》，超过了他自己的所有作品。

父母养育之恩，儿女应当回报。所谓孝道，是建立在这样一个情感基础上。中国古代最著名的孝道故事，一是缇萦上书救父；二是木兰代父从军。上书救父是说西汉初年，因为父亲遭人诬陷，女儿缇萦上书皇帝陈诉冤情，陈述肉刑害处，愿意替父受刑；其情真意切，终于感动汉文帝下诏赦免其父，废除肉刑。代父从军是说北魏年间，因为父亲年老多病，女儿木兰女扮男装，代父从军，征战沙场，凯旋回朝，建功受封，辞官还家。两位民间女子至纯至孝，堪为天下儿女楷模。

手足之情、同胞之谊。兄弟姐妹之间亲情同样十分宝贵。东汉年间，有位女子班昭博学高才，她的兄长班固作《汉书》，未竟而卒，遗稿散乱。班昭继承遗志，续《汉书》，终于完成哥哥未竟之业。

在尼采逝世后，妹妹伊莉莎白编辑和出版了尼采未完成遗作《权力意志》，虽然这部著作为德国法西斯所利用是否应由妹妹负责以及兄妹之间亲密感情是否暧昧，均已受到质疑，但

① [唐]孟郊：“游子吟”。

尼采兄妹亲情却为我们提供了可资参照的经验和教训。

孙文（中山）的哥哥孙眉，早年经商，资助弟弟学业，后又在物质和精神上支持和鼓励中山先生革命大业，甚至本人参加反清活动，直至倾家荡产，而在反清革命胜利后，又不贪仕图。他对孙中山的兄弟情谊，堪称表率。

但是，兄弟之间因为争权夺利，骨肉相残，是人间的一大悲剧。三国时期魏国，曹操的两个亲生儿子——曹丕和曹植，两人同父同母。哥哥曹丕做了皇帝（即魏文帝），逼迫弟弟七步作诗，否则杀无赦，曹植作了一首诗："煮豆燃豆萁，豆在釜中泣。本是同根生，相煎何太急？"[①]虽然救了一时性命，弟弟曹植还是在哥哥曹丕软禁下，终于忧郁而死，英年早逝。

中国传统亲情伦理由于它的偏正结构，束缚了个人的发展（譬如"二十四孝"[②]，许多违背人情世理），于是历史上出现了对亲情伦理的批判。三国时期，传闻孔子二十世孙孔融有一惊世骇俗之论："父之于子，当有何亲？论其本意，实为情欲发耳。子之于母，亦复奚为？譬如寄物瓶中，出则离矣。"[③]这种批判走向极端，彻底否定了亲情的价值，因而走向反面。

---

① [三国·魏]曹植："七步诗"。另一版本，"煮豆持作羹，漉菽以为汁。萁在釜下燃，豆在釜中泣。本自同根生，相煎何太急？"（[南朝·宋]刘义庆：《世说新语》"文学"）

② 二十四孝通常包括：孝感动天、戏彩娱亲、鹿乳奉亲、百里负米、啮指痛心、芦衣顺母、亲尝汤药、拾葚异器、埋儿奉母、卖身葬父、刻木事亲、涌泉跃鲤、怀橘遗亲、扇枕温衾、行佣供母、闻雷泣墓、哭竹生笋、卧冰求鲤、扼虎救父、恣蚊饱血、尝粪忧心、乳姑不怠、弃官寻母、涤亲溺器。

③ [宋]范晔：《后汉书》"郑孔荀列传·孔融"。此说或为人所诬陷。

“五四”以来，解构传统伦理，建构现代伦理，推动了中国社会伦理道德的转向，其中的关键是建立包括父子兄弟等等家属和亲属之间的对等关系。鲁迅在《我们现在怎样做父亲》一文中就颠倒了父子关系，他的依据是生命进化原理：“我现在心以为然的道理，极其简单。便是依据生物界的现象，一，要保持生命；二，要延续这生命；三，要发展这生命（就是进化）。生物都这样做，父亲也就是这样做。”[①]鲁迅认为，性欲正如食欲一样，只是一种本能，父母对子女算不了恩，上一辈人牺牲于下一辈人乃是天经地义。在这一转向中，存在相当偏差。尤其当今独生子女时代，出现了“小皇帝”和“小公主”，在父母子女关系中出现了逆转。爱幼诚然是人类情感的真切体现，但是破坏了中国敬老传统，是值得我们反思的。现代伦理并不是任何一种不平等的伦理，而是在人与人的关系中建立真正平等的伦理关系。这种伦理应该全面还原人类自然情感——亲情，使其更加情真意切。

亲情，尤其双亲之爱，是每一个人的生命寄托。而人们也总是将天地拟人为“父母”。每当绝境之中，人们就会呼喊天地父母，这就是呼唤人自己的始基与本源。司马迁说：

夫天者，人之始也；父母者，人之本也。人穷则反本，故劳苦倦极。未尝不呼天也；疾痛惨怛，未尝不呼父母也。[①]

---

① 《鲁迅选集》第2卷，北京：人民文学出版社1983年版，第15页。
② [汉]司马迁：《史记》“屈原贾生列传”。

谈友谊：友谊地久天长

惟有友谊和类似友谊的亲情、爱情才能升华，成为博爱众生和泛爱万物的优美和崇高感情，达到人类感情至高无上的境界。

友谊也是私交。这就是说，友谊，也和亲情、爱情一样，是私人领域的事情，而不是公共领域的事情。

《论语》开篇第二句话就提到了“友谊”：“有朋自远方来，不亦乐乎？”[①]读书、交友，是人生的两大乐事。其实读书也是交友，是结交死去或陌生的朋友；交友也是读书，是阅读活着和熟悉的朋友。孔子强调这个过程是令人快乐的。

真正的朋友刻骨铭心，没齿难忘。他们之间的友谊仿佛电影《魂断蓝桥》的插曲——《友谊地久天长》。

友谊历来是中国传统伦理道德推崇的一种人际情感。所谓“五伦”，是指五种人际关系，包括君臣、父子、夫妇、兄弟、朋友。但是，儒家伦理，亦即中国传统伦理，是以亲情伦理为基础的，力图将其他情感，例如友谊亲情化，如男性朋友

① 《论语》“学而”。

之间称“兄弟”。然而，在中国传统社会里，亲情是具有人身依附关系的人际情感。而现代伦理则是以友谊为基础的，友谊是理性、自由、平等的人际情感。谭嗣同说：“五伦中于人生最无弊而有益，无纤毫之苦，有淡水之乐，其惟朋友乎！顾择交何如耳。所以者何？一曰‘平等’；二曰‘自由’；三曰‘节宣惟意’。总括其义，曰不失自主之权而已矣。兄弟于朋友之道差近，可为其次。馀皆为三纲所蒙蔽，如地狱矣。”[①]这就是说，在中国传统伦理中，只有朋友之道符合现代人道标准，亦即“平等”“自由”“节宣惟意”，就是“自主之权”，兄弟之道次之，其他都不符合现代人道标准。

友谊是人类古老的情感。《诗经·小雅》有一首诗叙述了人们期盼友谊、约会朋友的美好心情：

伐木丁丁，鸟鸣嘤嘤。出自幽古，迁于乔木。
嘤其鸣矣，求其友声。相彼鸟矣，犹求友声；
矧伊人矣，不求友生？神之听之，终和且平。
伐木许许，釃酒有藇。既有肥羜，以速诸父。
宁适不来，微我弗顾！于粲洒埽，陈馈八簋。
既有肥牡，以速诸舅。宁适不来？微我有咎！
伐木于阪。釃酒有衍，笾豆有践，兄弟无远。
民之失德，干糇以愆。有酒湑我，无酒酤我。

---

① 《谭嗣同文选注》，周振甫选注，北京：中华书局1981年版，第187页。

坎坎鼓我，蹲蹲舞我。迨我暇矣，饮此湑矣。[①]

在中国传统伦理道德中，朋友之交包括君子之交和小人之交，前者主要以道为纽带，后者主要以利为纽带。同道为君子，同利为小人。小人之交就是一帮具有共同利益的人，例如酒肉朋友。在严格意义上，不是小人之交而是君子之交才能称为“朋友”。朋友就是一群具有共同志趣的人，例如以文会友。当然，道和利没有截然的界限，同利亦有道，但见利忘义者为小人；同道亦有利，但取利有道者为君子。最高的君子之交是知己。人们经常说，人生得一知己足矣！可见知己的弥足珍贵了。

中国古代有一个“高山流水”的故事，人们经常以其中两位人物——俞伯牙和钟子期为知己的典范：

伯牙鼓琴，钟子期听之。方鼓琴而志在太山，钟子期曰：“善哉乎鼓琴！巍巍乎若太山。”少选之间，而志在流水，钟子期又曰：“善哉乎鼓琴！荡荡乎若流水。”钟子期死，伯牙破琴绝弦，终身不复鼓琴，以为世无足复为鼓琴者。[②]

---

①《诗经》“小雅·伐木”。

②《吕氏春秋》“本味”。另一版本：伯牙善鼓琴，钟子期善听。伯牙鼓琴，志在登高山。钟子期曰：“善哉！峨峨兮若泰山！”志在流水。钟子期曰：“善哉！洋洋兮若江河！”伯牙所念，钟子期必得之。伯牙游于泰山之阴，卒逢暴雨，止于岩下；心悲，乃援琴而鼓之。初为霖雨之操，更造崩山之音。曲每奏，钟子期辄穷其趣。伯牙乃舍琴而叹曰：“善哉，善哉，子之听夫！志想象犹吾心也。吾于何逃声哉？”（《列子》“汤问”）

这就是一对知音的故事。知音就是仔细凝听自己心声，并透彻理解自己心思的朋友。知音就是知己，是第二个“我”，是我的一面镜子，透过这面镜子我可以正衣冠，可以知长短，可以明得失。朋友的心是相通的，此即所谓“身无彩凤双飞翼，心有灵犀一点通。”[①]

人们之所以志趣相投，是由于类似的生活经历或生活环境，而这种生活经历或生活环境又是与人们所结交的朋友密切相关的，此正所谓“物以类聚，人以群分”；“近朱者赤，近墨者黑”。所以，选择朋友是人生的一大关键。孔子说：“无友不如己者。”[②]这就要求我们亲君子而远小人。庄子说，“夫以利合者，迫穷祸患害相弃也；以天属者，迫穷祸患害相收也。夫相收之与相弃亦远矣。且君子之交淡若水，小人之交甘若醴；君子淡以亲，小人甘以绝。彼无故以合者，则无故以离。”[③]这就说明两种交友方式的根本区别。君子同道（“以天属”），重精神交往，轻物质交往，此所谓“淡若水”；小人同利（“以利合”），重物质交往，轻精神交往，此所谓“甘若醴”。因此，与小人交，虽有物质便利，却损害了人格的完整，降低了人生的境界；与君子交，虽无物质便利，却维护了身心的健全，提高了人生的品味。中国传统以梅兰竹菊“四君

---

① [唐]李商隐：“无题”。

②《论语》“学而”。另见“子罕”：“勿友不如己者”。

③《庄子》“外篇·山木”。

子”，松竹梅“岁寒三友”来比喻君子，说明君子品性高洁，环境越是险恶越能显示君子冰清玉洁。与君子交，能健全身心，能提升品味，达到优美和崇高的境界。

在《尼各马可伦理学》中，亚里士多德专门研究了友爱的问题。他认为，友爱是或近似一种德性。它不仅必要而且是高尚的。有三种友爱：善的或德性的、快乐的、有用的。善的或德性的友爱是严格意义上的，只有好人才能享有，坏人不能享有；快乐的和有用的友爱是类比意义上的，一切人都可以享有。前者是爱其自身，源于人的德性的相似性；后者是爱其所有，源于人的需要的相似性。①

中国古代有许多友谊的佳话，其中最著名者统称“八拜之交”②。其中，管鲍之交是指春秋时期齐国的管仲与鲍叔牙之间的友谊。两人曾经各事其主。但鲍叔牙侍奉的公子小白被立为齐桓公，鲍叔牙却向齐桓公荐管仲为相而自己则甘居其下。在管仲辅佐下，齐国日益强大，最终“九合诸侯，一匡天下”。成功之后，管仲十分感慨地说：“生我者父母，知我者鲍子也。”刎颈之交是指战国时期赵国的廉颇与蔺相如之间的友谊。生死之交是指三国时期刘备与关羽、张飞“桃园三结义”：“不求同年同月同日生，只愿同年同月同日死。”

马克思和恩格斯的友谊是动人的。恩格斯通过经商，在经

---

① 参见[古希腊]亚里士多德：《尼各马可伦理学》，廖申白译注，北京：商务印书馆2003年版，第227～288页。

② 八拜之交包括：管鲍之交、知音之交、刎颈之交、舍命之交、胶漆之交、鸡黍之交、忘年之交、生死之交。

济上资助马克思，他们之间共同工作40年。在马克思逝世后，恩格斯出版《资本论》第2卷和第3卷。他称马克思为“第一小提琴手”，而自己则是“第二小提琴手”。他特别强调他们共同创立的理论都是属于马克思的；马克思是“天才”，自己至多是“能手”；马克思是“伟大”的，而自己则是“平凡”的，因此认为用马克思的名字命名他们共同创立的理论是理所当然的。除此之外，恩格斯还是马克思三个女儿的“第二个父亲”，将自己对马克思个人的友谊扩大为对马克思全家的友谊。列宁在谈到马克思和恩格斯的关系时说：“古老传说中有各种非常动人的友谊故事。……他们的关系超过了古人关于人类友谊的一切最动人的传说。”

章太炎与邹容之间的友谊可谓难友之典范。他们在反清革命中成为患难之交，邹容著《革命军》，章太炎为《革命军》作序。两人被捕入狱，最终阴阳两隔。章太炎为邹容修坟，亲自撰文刻石表示自己对亡友的深挚悼念。鲁迅与瞿秋白之间的友谊可谓战友之楷模。他们以文会友，思想默契。鲁迅赠送瞿秋白的一幅对联是：“人生得一知己足矣，斯世当以同怀视之。”

真正的友谊是人们心智成熟以后的事情，不懂事的孩子不懂人的心事，不会成为真正的朋友。由于友谊以共同志趣为纽带，而共同志趣则根源于类似的生活经历或生活环境，因此，绝大多数友谊是产生于同一年龄段人们之间的。但是，个人的心理年龄并不一定与各自的生理年龄相符合，这就为忘年交提供了基础。忘年交是不同年龄段人们之间的友谊，尤其是指两代人或隔代人之间的友谊。作为友谊，它超越了上下辈之间人们通常的感情，如父母子女间的亲情、师生间的感情等。老少之间生活经验和知识背景的差别，使忘年交于双方都具有弥足珍贵的互补性。对于年长者而言，它是重返青春的渠道；对于年幼者而言，它是加快成熟的路径。

古往今来，男人间有着许多动人的友谊，相比之下，女人间的友谊缺乏惊天动地和千古流传的故事，这是什么原因造成的呢？究竟是两性的自然差异，还是社会的历史局限？迄今为止，男性更多地参与社会公共生活，而女性则在家庭中，更多地局限于私人生活。传统的闺阁阻碍了女性间的自由交往，妨碍了女人间友谊的形成和发展，她们相互交流的经常是柴米油盐、东家长西家短，缺乏远大的目标和高雅的情趣，就不可能建立真正的友谊。在现代社会生活中，由于妇女解放，绝大多数女性走出家门，参与社会公共生活，女性也能够表现出自己的学识和才华，在许多领域的成就丝毫不亚于男性。但是，在男性主导的社会公共生活中，女性的性别角色仍然被置于次要地位，成为波伏瓦所说的“第二性”。在男性占多数并居于中心地位的环境中，女人间的友谊仍然没有获得自由发展的空间，因为对于女人来说，在社会公共生活中，与男人的关系比与女人的关系似乎更重要。但是，随着社会的充分发展，女人间的友谊也会得到充分的发展，它将和男人间的友谊平分秋色，形成独特的风景。如果男人的友谊正像男人本身那样，以崇高凸显其伟岸；那么女人间的友谊也像女人本身那样，以优美彰显其绚丽。

在传统社会中，两性之间交往是受到严格限制的。中国传统主张男女授受不亲。许多国家和地区至今仍然严格限制男女两性之间的正常交往。但是，现代社会突破了男女交往的禁忌，异性之间既然可以正常交往，友谊也就是必然的。异性交属于友谊的范畴，因此，它与男女间的爱情截然不同。这里没有任何性爱的考虑，除性别身份的差异外，在其他任何方面，异性交与同性交没有任何区别，包括所谓的红颜知己和蓝颜知己，也都没有任何暧昧色彩。友谊是光明正大的。知己式的爱是兼有友谊的爱情，而知己则仅仅是友谊。

友谊是有原则的。无原则的友谊是不可取的。友谊的基础是志同道合或志趣相投，当志不同、道不合或志趣不投时，选择绝交或许可以捍卫友谊的纯洁性。

魏晋时期，嵇康和山涛的绝交就是一个例子。嵇康和山涛（巨源）都是当时的名士，所谓“名士风流”，或者“魏晋风度”，这是当时的一种时尚，他们以服药（即五石散）、饮酒、清谈来逃避政治的黑暗，追求个性的解放。嵇康和山涛同属“竹林七贤”，是当时最有名望的七位名士中的两位。但当山涛辞官并出于友谊推荐嵇康做官时，嵇康却采取了决绝的态度，他写下了《与山巨源绝交书》，这是中国文化史上最重要的一封绝交书。因为嵇康与当时的黑暗政治格格不入，山涛推荐他做官，是违背他本性的，所以嵇康宁可为原则而绝交，也不愿丧失原则而苟且维持两人的友谊。

尼采与瓦格纳的绝交也是同一道理。叔本华的哲学和瓦格纳的音乐曾经是尼采的精神慰藉。后来尼采结识了瓦格纳，让尼采度过了他一生中最愉快的时光。尼采原先把欧洲文化复兴的希望寄托于瓦格纳。在目睹瓦格纳的“演戏天才”，市民观众的庸俗捧场后，尼采失望了，酝酿了一部含蓄批评瓦格纳的著作。当瓦格纳的最后一部歌剧剧本《帕西法尔》寄到尼采手中时，尼采的著作《人性的，太人性的》寄到瓦格纳手中，两人彻底决裂。

“吾爱吾师，但吾更爱真理”，这是柏拉图的学生亚里士多德的名言，说明真理高于师生间的感情。“我爱凯撒，但我更爱罗马”，这是凯撒的朋友勃鲁托斯的名言，说明国家高于朋友间的友谊。勃鲁托斯伙同其他盟友杀死他的朋友——古罗马独裁者凯撒，究竟是为了国家的利益，还是为了阴谋集团的私利，在历史上是颇有争论的。但这一句话本身却被人们经常引用来说明国家的利益高于一切个人的感情，哪怕是真正的友谊。

一个人可以有许多朋友，也可以有许多敌人。朋友可以是志同道合的同志，也可以是志趣相投的私交。为了捍卫真理、正义，一个人也可以有几个敌人，但他/她绝不应有任何一个私敌。

友谊与亲情、爱情的根本区别在于，它是一种具有无限可传递性和无限可普遍化的人际情感。亲情的可传递性和可普遍化是有限的，而爱情则具有不可传递性和不可普遍化的特征。例如，友谊的可传递性表现为朋友的朋友可能是朋友，朋友的朋友的朋友……，无论中间有多少环节，仍然可能是朋友。在亲情中，亲戚的亲戚仍然是亲戚，亲戚的亲戚的亲戚……，当中间环节无限增加的时候，就可能不是亲戚了。因此，亲情的可传递性和可普遍化是有限的。儒家倡导仁爱，认为爱有等差，之所以这样认为，是因为它是一种亲情伦理，或者是一种以亲情为基础的伦理。墨家倡导兼爱，认为爱无等差，因为它是一种友谊伦理，或者是一种以友谊为基础的伦理。但滥用亲情和友谊亦即以私人感情去干预公共生活却是非法和不道德的。而爱情则不具有可传递性和可普遍化，爱人的爱人不仅不是爱人，反而是情敌。正是在这个意义上，只有友谊才能渗透、附着于亲情和爱情。无论是兼有友谊的亲情，还是兼有友谊的爱情，都是更美好的人际情感；无论是知己式的亲情，还是知己式的爱情，都是最美好的人际情感。最后，我们还要指出，惟有友谊和类似友谊的亲情、爱情才能升华，成为博爱众生和泛爱万物的优美和崇高感情，达到人类感情至高无上的境界。

友谊是人生的宝贵情感。亚里士多德说：

> 即使享有所有其他的善，也没有人愿意过没有朋友的生活。①

---

① [古希腊]亚里士多德：《尼各马可伦理学》，廖申白译注，北京：商务印书馆2003年版，第228页。

谈爱情：我心永恒

爱情是人类心灵的火花，没有爱情，就没有文学和艺术，人类的精神生活将变成一片荒漠，一片黑暗，爱情是唯一滋润这片荒漠的甘泉，是唯一照亮这片黑暗的灯盏。

亲情是人类自然的感情，友谊是人们之间的社会感情，爱情是自然感情和社会感情的合一。爱情通常是指男女两性的性爱，但它却不是停留在动物式的性欲的基础上，而是升华为全身心的爱。两者的区别就在于纯粹的性欲是普遍化的类的活动，欲望的对象指向异性，而不管异性是谁，也不对后果承担任何责任。而人的爱情则是一种个体化的活动，爱情不是指向一个任意的异性，而是指向一个独一无二的对象。爱情是自由的，同时是承担责任的。爱情是人类心灵的火花，没有爱情，就没有文学和艺术，人类的精神生活将变成一片荒漠，一片黑暗，爱情是唯一滋润这片荒漠的甘泉，是唯一照亮这片黑暗的灯盏。

爱情甚至因此超越了生命的极限。电影《泰坦尼克号》就描写了一对青年男女的爱情，这对青年男女的爱情经受了巨大灾难的考验，超越了生死的极限，其主题曲《我心永恒》感动了全球亿万观众。

电影《美丽心灵》叙述了博弈论创始人纳什夫妇的爱情故事，纳什患有妄想型精神分裂症，妻子艾丽西娅的爱情修复了他的心灵。纳什最终获得诺贝尔经济学奖。爱情为什么具有如此巨大的力量呢？在影片中，纳什夫妇的一段对白给出了答案：

纳什：艾丽西娅，我们之间的关系是否能保证长远的承诺呢？我需要一点证明，一些可以作为依据的资料。

艾丽西娅：你等等，给我一点时间……让我为自己对爱情的见解下个定义。你要证明和能作为依据的资料，好啊，告诉我宇宙有多大？

纳什：无限大。

艾丽西娅：你怎么知道？

纳什：因为所有的资料都是这么指示的。

艾丽西娅：可是它被证实了吗？

纳什：没有。

艾丽西娅：有人亲眼见到吗？

纳什：没有。

艾丽西娅：那你怎能确定呢？

纳什：不知道，我只是相信。

艾丽西娅：我想这和爱一样。①

---

①《美丽心灵》，由西尔维雅·娜萨尔传记改编，阿齐瓦·高斯曼等编剧，朗·霍华德导演。

爱情是以性别关系为纽带的一种人际情感。所谓同性相斥，异性相吸。爱情是天造地设的自然情感，是人类应当珍惜的欢乐和幸福的源泉。“死生契阔，与子成说。执子之手，与子偕老。”[①]这是《诗经·国风》关于爱情的美好祝愿。“上邪！我欲与君相知，长命无绝衰。山无陵，江水为竭，冬雷震震，夏雨雪，天地合，乃敢与君绝！”[②]这是两汉乐府关于爱情的忠诚誓言。“在天愿作比翼鸟，在地愿为连理枝。”[③]这就是上天入地、生死相依的爱情。爱情是千百年来人们不断谈论和探讨的经久不息的话题，“问人间情是何物，直教生死相许？”[④]人们不断发出这样的疑问。

在希腊文里，爱共有三个词语：其一叫做厄洛斯（eros），意指灵魂对神的国度的渴望，某种美学意义上的爱，或某种浪漫的爱；其二叫做菲利亚（philia），意指朋友间亲密的友爱，一种相互间的爱；其三叫做阿迦披（agape），意指理解，对一切人所具有的救赎的善意。在《会饮篇》里，柏拉图描述了一场以赞美爱神为主题的对话，这场对话是在一次晚宴上展开的，参与对话的七个人分别表达了对于爱情的理解。其中，著名喜剧家阿里斯托芬的颂词是：从前人类本来分成三种——男人、女人和“阴阳人”。他们的形体是一个球形，每个器官各

---

①《诗经》“邶风·击鼓”。
②《乐府·铙歌十八曲》“上邪”。
③[唐]白居易：《长恨歌》。
④[金]元好问：《摸鱼儿》。

有两套。男人原来由太阳生出来，女人原来由大地生出来，阴阳人原来由月亮生出来。他们的体力和精力非常强壮，自高自大，乃至于图谋向诸神造反。宙斯把人劈成两半。于是这一半想念那一半。男人的两半成为男同性恋，女人的两半成为女同性恋，只有阴阳人的两半成为异性恋。[①]这就是说：我们本来是完整的，对于那种完整的希冀和追求就是所谓爱情。这是关于爱情起源和本质的一个艺术假说，即所谓爱情是广义的，包括同性恋和异性恋。

在现代社会里，从个人角度说，人们的习惯说法是爱情、婚姻、家庭，似乎先有爱情，再有婚姻，最后才有家庭。但是，按照恩格斯《家庭、私有制和国家的起源》所研究的，从人类社会历史角度讲，爱情并不先于婚姻、家庭产生。爱情、婚姻、家庭并不是从来就有的，而是人类社会发展到一定历史阶段的产物和表现。起初是“杂乱的性关系”，只有氏族，没有家庭；然后才有各种家庭形式；最后，直到专偶制即一夫一妻制家庭形式出现，才有爱情。在父权制和私有制的历史条件下，一夫一妻制家庭一开始是满足男子继承遗产需要，而不是满足女子需要的。然而，正是一夫一妻制家庭形式提供了男女之间爱情（性爱）的必要与可能。恩格斯说：“现代的性爱，同古代人的单纯的性要求，同厄洛斯[情欲]，是根本不同的。第一，性爱是以所爱者的对应的爱为前提的；从这方面说，妇女

---

① 参见[古希腊]柏拉图：《文艺对话集》，朱光潜译，北京：人民文学出版社1963年版，第237～246页。

处于同男子平等的地位，而在古代的厄洛斯时代，决不是一向都征求妇女同意的。第二，性爱常常达到这样强烈和持久的程度，如果不能结合和彼此分离，对双方来说即使不是一个最大的不幸，也是一个大不幸；为了能彼此结合，双方甘冒很大的危险，直至拿生命孤注一掷，而这种事情在古代充其量只是在通奸的场合才会发生。最后，对于性关系的评价，产生了一种新的道德标准，人们不仅要问：它是婚姻的还是私通的，而且要问：是不是由于爱和对应的爱而发生的？”[①]爱情的花朵从此绽放。但结出累累的果实却经历了一个相当漫长的历史时期。在历史上，婚姻和家庭一开始并不是建立在爱情基础上，由于经济的考虑，往往以牺牲爱情为代价。但是，随着人类社会的进步，婚姻和家庭逐步转向以爱情为基础，这是一种理想的社会状态：当人们不再以经济的考虑为束缚时，婚姻和家庭就完全建立在爱情的基础上了。

通常所谓爱情是男女之间以性爱为基础的人际情感。爱情有两大特点：专一性和排他性，这是爱情与亲情、友谊的根本区别，起码在一个特定时段内爱情必定具有这样两个特点。专一性是指爱情的对象只能有一个，同时要求自己成为对方的唯一；排他性是指无论对方还是自己，都得排除第三者的干扰。因此，爱情是严格不可传递的，是严格非普遍化的。所以，爱情充满危险。在日常生活中，我们经常发现大量情仇甚至情杀

---

① 《马克思恩格斯选集》第4卷，中共中央编译局编，北京：人民出版社1995年版，第75页。

现象。一般地说，人们可以因为利益（如权力、金钱等）加害对方，但却不会因为亲情、友谊加害对方。在情感中，即使没有任何利益因素，人们也会纯粹因为爱情伤害甚至杀害对方。爱情消亡，不是转向仇恨，成为敌人；而是转向冷漠，成为陌路之人。而转向友谊则是爱情的理性消解。

如何判定两人感情达到爱情阶段呢？纯粹的爱情至少应当满足下列两个条件：其一，在一个特定时段内，对方完全占有你的意识，成为这个世界与你相关联的唯一存在，其他人、物和事只有与对方相关联，才有一定的意义和价值。也就是说，对方就是整个世界，失去对方或者没有得到对方回应，自我以及整个世界就失去了任何的意义和价值。其二，与对方的关系达到这样一种程度：片刻的相聚就是快乐和幸福，片刻的分离就是痛苦和不幸。只要跟对方在一起就快乐，否则就痛苦。

中国传统只有婚姻家庭伦理，没有爱情伦理。在婚姻家庭伦理中，正如在整个伦理中一样，对男子的要求和对女子的要求是一种偏正结构，男女是不自由的，夫妻之间权利和义务的关系是不平等的，男尊女卑、夫唱妇随，片面要求女子“三从四德”①。在传统婚姻、家庭中，爱情没有任何位置。父母之命，媒妁之言，决定了男女间的终身大事，从而制造了无数男女间的悲剧。

《孔雀东南飞》一诗叙述了东汉末年焦仲卿夫妇的爱情悲

① 三从是未嫁从父、既嫁从夫、夫死从子，四德是妇德、妇言、妇容、妇功。

剧。焦仲卿妻子刘兰芝为焦母所谴，自誓不嫁，而又为己兄所逼，跳水自尽，丈夫上吊自杀，死后两人终被两家合葬。

梁山伯与祝英台的爱情悲剧彻骨寒心、感天动地。相传西晋时期，梁山伯与女扮男装的祝英台相遇，一见如故，志趣相投，遂于草桥结拜为兄弟，同窗三年。英台返家，山伯十八里相送。后来山伯经人指点，追到祝家求婚遭拒，悲愤交加，一病不起，不治身亡。英台悲痛欲绝。不久英台被逼出嫁，被迫上轿，花轿绕道山伯坟前，英台执意下轿，哭拜亡灵，含愤而亡，两人亦被合葬。生不能相伴，死亦要相守，梁祝化蝶双舞，成为千古绝唱。

莎士比亚悲剧《罗密欧与朱丽叶》以两个贵族家庭的仇恨为背景，以一对青年男女的爱情为主线，两个方面矛盾纠缠。爱情的悲剧虽然毁灭了一对青年男女的生命，但却消除了双方家庭的隔阂，爱情的理想得以实现。

曹雪芹的《红楼梦》是一部爱情的经典和百科全书，它将理想的爱情（宝玉和黛玉的“木石前盟”）与世俗的姻缘（宝玉和宝钗的“金玉良缘”）相对照，抒发了作者的爱情理想。虽然贾宝玉具有意淫式的泛爱倾向，对于大观园“金陵十二钗”均有一定好感，但贾宝玉鄙弃功名利禄，为薛宝钗所不解，却为林黛玉所欣赏。因此，在整个大观园“金陵十二钗”中，只有林黛玉堪称贾宝玉唯一知己，只有宝玉和黛玉的爱情达到了爱情的最高境界——知己式的爱。“情切切、意绵绵”，是这种知己式的爱的唯美情调。而宝黛爱情悲剧最终为家族势力所葬送则反映了封建宗法制度的腐朽没落。

“五四”以来，在解构传统伦理和建构现代伦理的过程中，爱情、婚姻、家庭问题成为一个核心问题，鲁迅在《我之节烈观》一文中特别攻击传统伦理片面要求妇女“节烈”的虚伪道德，主张妇女解放，男女平等。在小说《伤逝》中，鲁迅通过一对青年男女——涓生和子君的爱情悲剧，说明爱情应当有所附丽，附丽于生活。脱离生活的浪漫爱情是毁灭人生的，所以，真正的爱既要学会追求，也要学会放弃。当爱情发展到既有害于对方，又不利于自身，或者哪怕危害其中任何一方的时候，就应毅然决然地放弃这种爱情。庄子说：“泉涸，鱼相与处于陆，相呴以湿，相濡以沫，不如相忘于江湖。”[①]

现代伦理用个人伦理来取代家族伦理，从而将婚姻家庭伦理建立在爱情伦理的基础上，这种爱情伦理强调男女个人自由，相互平等，强调婚姻关系仅仅是男女双方纯粹个人的契约关系，双方自由结婚，自由离婚，权利义务平等，不受他人包括父母干涉。在这样一种婚姻家庭中，传统的神圣性被解构了，唯一成为婚姻家庭正当性依据的只有爱情，反过来说，没有爱情的婚姻是不道德的。现代爱情伦理有两个基点：一是相互忠诚，一是彼此宽容。这是针对爱情的两个特点而言，相互忠诚是专一性的正面要求，是强化爱情的积极面；彼此宽容是排他性的负面要求，是弱化爱情的消极面。我们应当始终坚守爱情的自由、平等和理性本质。

---

①《庄子》“内篇·大宗师”。另见《庄子》“外篇·天运”。

如果古代人的爱情就在于突破外在家族势力的阻挠，那么现代人的爱情就在于超越内在个人实利的考虑。

马克思和燕妮的爱情就是这样一个榜样。燕妮出生贵族家庭，与马克思结婚，并生下三个女儿。为了马克思的革命事业，她几乎献出了自己的一切。在一封致马克思的信中，燕妮写道："姑娘的爱情和男子的爱情不同，也必然不同，当然，姑娘能给予男子的，无保留地永远地给予的是，除了她的爱情和她自己，她这个人之外，再没有别的了。在一般情况下，姑娘应在男子的爱情中得到充分的满足，她应当在男子的爱情中忘却其他的一切。"

温莎公爵亦即英王爱德华八世，因执意要立辛普森夫人为后，遭到英国政府、英国国教及海外领地政府的强烈反对，而导致宪政危机。于是爱德华选择退位，成为英国及英联邦历史上在位最短的君王。爱德华宁要爱情，不要江山，史称"不爱江山爱美人"。

大革命失败后，周文雍和陈铁军以夫妻名义从事地下工作。广州起义失败，两人被捕入狱，经受了威胁利诱和严刑拷打，被判死刑。1928年2月6日，在广州红花岗刑场上，他们举行"刑场上的婚礼"："让反动派的枪声来作为结婚的礼炮吧！"一对革命情侣慷慨赴死，从容就义，气壮山河，千古流芳。

当今时代，爱情正在多元化，呈现多样性形态，我们应当从是否彰显生命的意义，增进多少生命的价值来衡量其中的是非利弊。除了性爱之外，与爱情相关的特殊人际情感还有：

其一，精神恋爱，又称“柏拉图式的爱”。精神恋爱是无性之爱，区别于一般的友谊，具有爱情的一般特征。它是一种文化素养的表现，有利于人类文化文明的进步。但是，精神恋爱无法成为常态，而且应当防止它走向精神偏执。

其二，意淫。这是曹雪芹在《红楼梦》中提出的，与皮肤滥淫相对应。贾宝玉式的意淫类似柏拉图式的爱情，然而具有一定性幻想，是一种泛爱的形式。与爱情一般所具有的专一性和排他性的特征相违背，意淫的非专一性和非排他性特征，具有对异性的审美欣赏和艺术鉴赏的特点，但是，性幻想的特征有损于个人生理和心理健康。

其三，自恋。自恋是以自我为对象的类爱情式情感，不同于一般的自爱。在希腊神话中，美少年那喀索斯迷恋于自己水中的倒影，走入水中，化为水仙花，这就是典型的自恋情结。弗洛伊德称为那喀索斯情结。自爱是适度的，自恋是自爱的过度表现，它既违背了人的社会本质和交往本性，也不利于个人的生理和心理健康。

其四，单相思。爱情是双向的，但单相思却是单向的类爱情式情感。比较而言，在现代社会里，由于个人的普遍自由和个人之间的普遍平等，一个人对另一个人的爱引起正面回应比零回应或负面回应具有更小概率。因此，在人的一生中，单相思的感受和体验往往比爱情的感受和体验具有更高频率，它是人们受到情感伤害的日常方式。马克思说：“如果你在恋爱，但没有引起对方的爱，也就是说，如果你的爱作为爱没有使对方产生相应的爱，如果你作为恋爱者通过你的生命表现没有使你成为被爱的人，那么你的爱就是无力的，就是不幸。”[①]一个人的爱没有引起另一个人的爱就是不幸，这种不幸只能由理性来克服。一个人应该正确估量自己和对方以及双方关系，不具有恋爱条件的，不应该试图建立恋爱关系。一旦误判，应当通过恢复自尊，恢复自信，回归理性，重归自由，从单相思中解脱出来，避免受到伤害。而另一方也应当避免伤害对方。没有爱情，不能成为爱人，但也未必成为仇人，或者成为陌路之人，完全可以成为朋友。歌德在爱情破灭后，创作小说《少年维特之烦恼》，小说主人公维特自杀，歌德自己因此解脱，甚至和绿蒂夫妇建立了终生友谊。双方都应该树立这样一种观念：爱情是宝贵的，但自由和尊严比爱情更宝贵；没有爱情，我们还有自由和尊严；若没有自由和尊严，就没有爱情。小说《简爱》是夏洛蒂·勃朗特“诗意的生平写照”。作为孤儿，小说女主人公简爱虽然真切爱着罗切斯特，但是在婚礼中，一旦发现罗切斯特另有一位疯女人妻子，还是毅然决然离开爱人。直到疯女人放火烧毁庄园，坠楼身亡，罗切斯特受伤致残（失去一只胳膊、一只眼睛），简爱方才回到他的身边，两人终成夫妻。简爱历经磨难，始终坚守自己的尊严和自由，终获幸福。

其五，忘年恋。忘年恋是不同年龄段人们之间的爱情，尤其是指两代人或隔代人之间的爱情。由于现代社会强调恋爱自

---

① 《马克思恩格斯全集》第3卷，中共中央编译局编译，北京：人民出版社2002年版，第364～365页。

由，忘年恋虽然在某些国家法律中受到年龄差距限制，但仍具有合法性。然而，年龄差别意味着生理和心理差别，长者的成熟程度和幼者的不成熟程度构成了鲜明的对照，双方都应破除任何非爱情的考虑。

其六，同性恋。按照传统观念，异性恋是常态，同性恋是变态，是不道德的，甚至是非法的。中国传统伦理，例如《周易》强调阴阳和合，认为孤阴不生，独阳不长，从人类世代延续中论证了异性恋的正当性，从而否决了同性恋的正当性。但是，在现代社会里，由于对个人自由的尊重，人们逐渐理解、宽容这一现象。科学也揭示了某些个人的性心理特征和性生理解剖特征不一致。男性生理特征和女性心理特征的结合，女性生理特征和男性心理特征的结合产生了男同性恋和女同性恋。因此，同性恋是特殊的性生理和性心理反应。在人类历史上，同性恋古亦有之，例如古希腊，但是这一现象大多数是满足贵族性需求的，譬如娈童。这种同性恋是不平等的。而现代同性恋则是同性之间一种平等关系的反映。虽然我们应该理解、宽容基于特殊生理和心理特征的同性恋，但是应该防止人为制造同性恋。

其七，乱伦恋。所谓乱伦，其实是人类社会的原始状态——“杂乱的性关系”。但是，按照优胜劣汰的进化法则，人类进化历程先后排除了父母子女等上下直系血亲之间和兄弟姐妹等左右直系血亲之间的性爱，这就是家庭婚姻形态的两个重大发展。但是，弗洛伊德认为，人类仍然具有乱伦情结，只是理性将其潜抑于本能中，一旦宣泄出来，就会造成种种心理症状，如日常生活中的心理变态、梦、精神病等。弗洛伊德提出泛性论，认为婴儿具有两种性本能：男孩普遍具有恋母情结（俄狄浦斯情结），女孩普遍具有恋父情结（伊拉克特拉情结）。正常人将这两类情结潜抑于本我中，由此形成自我和超我。反之，将这两类情结充分宣泄出来是一种不正常的表现。这就是所谓乱伦恋，它违背了人类的进化过程和进化规律。在任何意义上，都不能被辩护，是不道德的，甚至是非法的。

由于爱情的专一性和排他性特征，爱情这一正情感极易转向零情感的冷漠和负情感的仇恨。冷漠和仇恨是不幸的，甚至是危险的。在这种境遇中，每个人都应使自己精神升华，从爱个人升华到爱社会，爱国家，爱人类，爱自然，乃至博爱众生，泛爱万物。永远坚守爱的理想，消解冷漠和仇恨，达到一种至高无上的类似宗教的感情。随着爱的升华，人格、人性和人道也在升华。

荣耀归于这样的人，归于他所爱的一切。《圣经·新约全书》有一段对爱的著名诠释：

爱是恒久忍耐，又有恩慈；爱是不嫉妒，爱是不自夸，不张狂，不作害羞的事，不求自己的益处，不轻易发怒，不计算人的恶，不喜欢不义，只喜欢真理；凡事包容，凡事相信，凡事盼望，凡事忍耐；爱是永不止息。

如今常存的有信，有望，有爱；这三样，其中最大的是爱。①

---

①《圣经·新约全书》“哥林多前书”第13章。

谈居家：诗意地栖居

家是一个令人倍感亲切的寓所。这种亲切的秘密就在于，家不是人类理智已占领的制高点，而是人类感情未开垦的处女地。

居家就是过日子，是人们日常生活的基本组成部分，占去了人生的大半时光。我们每一个人，先是跟父母在一起，度过了童年的美好时光。也许中间会有几年离家上学和上班的日子，等我们自己成家后，跟妻子（或丈夫）和孩子在一起，居家过日子，直到生命终了，生活一直缭绕着日子的香味。

家是人们的栖居住所，它充满着生活的温馨，正像荷尔德林在《……人诗意地栖居……》一诗中所描绘的那样：

如果生活纯属劳累，
人还能举目仰望说：
我也甘于存在？是的！
只要善良，这种纯真，尚与人心同在，
人就不无欣喜
以神性度量自身。
神莫测而不可知？

神如苍天昭然显明?

我宁愿信奉后者。

神本是人之尺度。

充满劳绩，然而人诗意地，

栖居在这片大地上。我要说

星光璀璨的夜之阴影

也难与人的纯洁相匹。

人乃神性之形象。

大地上可有尺度?

绝无。①

海德格尔在阐释这一首诗时指出："作诗建造着栖居之本质。作诗与栖居非但并不相互排斥。毋宁说，作诗与栖居相互要求着共属一体。'人诗意地栖居'，是我们诗意地栖居吗？也许我们完全非诗意地栖居着。"即使这样，"诗人的这个诗句的真理性以极为不可名状的方式得到了证明。因为，一种栖居之所以能够是非诗意的，只是由于栖居本质上是诗意的。"②好比一个人之所以失明和失聪，是因为他/她本质上有视力和听力，他/她才可能是盲者和聋子，一块木头、一块石头是决不会失明和失聪的。

居首先是一种筑造，而家则是以一种房屋建筑的形式呈现

① 引自《海德格尔选集》，孙周兴选编，上海：上海三联书店1996年版，第469～470页。

② 同上书，第478页。

出来：屋顶、房基以及四周墙壁筑造了我们的私密空间，为我们挡住了风雨雷电，保障私人领域不受任何外来侵犯；门、窗是家中人与外部世界沟通的渠道。人既是群居动物，又追求个性发展，家正是居于公共领域和私人领域、社会领域和个人领域间的唯一恰当的中间形式。我们常说家是堡垒，堡垒应当是坚固的和安全的，堡垒里的人的关系更是割舍不断，无论是夫妻关系、父母与子女的关系，还是其他血亲和姻亲关系。我们常说家是港湾。正如航船不可能总是在惊涛骇浪中不停地行驶一样，每一个人不可能总是在艰难和充满荆棘的道路上不停地行进。外面的世界很精彩，外面的世界很无奈。奔波于劳累和繁忙中，身心的疲惫不可避免。家是停泊的地方，它为我们遮风挡雨，为我们抚平创伤。这里，你可以找到心灵的慰藉和精神的寄托，你可以卸下所有的面具和伪装，成为你自己，可以无拘无束，甚至无所顾忌。因此，人们说：我想有个家。无家可归或有家难回，是一切痛苦和不幸的根源。

美满的家庭取决于美满的婚姻。因为首先有夫妇，然后有父母子女，……夫妻关系是一个家庭的支柱和栋梁。我们常把婚姻中的另一方称为我们的另一半，把寻找爱情中的另一方称为寻找我们的另一半。一个人要想美好地度过一生，就只有两个人结合，因为半个球是无法滚动的，所以每个成年人的重要任务是找到和自己相配的一半。

在《圣经·旧约全书》中，夏娃是与亚当相配的另一半。“耶和华　神用地上的尘土造人，将生气吹在他鼻孔里，他就成了有灵的活人，名叫亚当。”耶和华　神将亚当安置在伊甸园。“耶和华　神说：‘那人独居不好，我要为他造一个配偶帮助他。’……耶和华　神使他沉睡，他就睡了；于是取下他的一条肋骨，又把肉合起来。耶和华　神就用那人身上所取的肋骨造成一个女人，领她到那人跟前。那人说：‘这是我骨中的骨，肉中的肉，可以称她为女人，因为她是从男人身上取出来的。’因此，人要离开父母与妻子连合，二人成为一体。”“亚当给他妻子起名叫夏娃。因为她是众生之母。”[①]这是关于爱情、婚姻、家庭起源和本质的一个宗教假说。

在各种人类社会共同体形式中，家庭是紧接氏族产生，但却比氏族更长久的共同体形式。在《家庭、私有制和国家的起源》中，恩格斯依据摩尔根在《古代社会》中的论述，在“杂乱的性关系的原始状态”后，提出了四种家庭形式：血缘家庭、普那路亚家庭、对偶制家庭、专偶制家庭。血缘家庭是家庭的第一个阶段，“家庭组织上的第一个进步在于排除了父母和子女之间相互的性关系”。普那路亚家庭是家庭的第二个阶段，“第二个进步就在于对于姊妹和兄弟也排除了这种关系”。“普那路亚，即亲密的同伴，即所谓associé。”虽然家庭有了这样两个进步，但是，“在一切形式的群婚家庭中，谁是某一个孩子的父亲是不确定的，但谁是孩子的母亲则是确定的。……由此可知，只要存在着群婚，那么世系就只能从母亲方面来确定，因此，也只承认女系。”但是，“母权制”是一个不恰当的名称。因为当时妇女并未像后来男子一样地享有法

---

① 《圣经·旧约全书》“创世纪”第2、3章。

律意义上的权利或者掌握政治意义上的权力。家庭的第三个阶段是对偶制家庭，是“某种或长或短时期内的成对配偶制”。“由此可见，原始历史上家庭的发展，就在于不断缩小最初包括整个部落、其内部盛行两性共同婚姻的那个范围。由于次第排斥亲属通婚（起初是血统较近的，后来是血统越来越远的亲属，最后甚至是仅有姻亲关系的），任何群婚形式终于在实际上成为不可能的了，结果，只剩下一对暂时松散地结合的配偶，即一旦解体整个婚姻就终止的分子。”婚姻和家庭形式的进步是由生物进化规律决定的，自然选择和优胜劣汰的规律，不仅决定了其他物种的进化，也决定了人类的进化。在相当一段历史时期里，人们虽然并未认识这一规律，但在生存竞争中却发现了近亲繁殖的退化现象，于是逐步形成各种禁忌，推动群婚家庭朝着个体婚制方向发展。家庭的第四个阶段是专偶制家庭，“是建立在丈夫的统治之上的，其明显的目的就是生育有确凿无疑的生父的子女；而确定这种生父之所以必要，是因为子女将来要以亲生的继承人的资格继承他们父亲的财产。”“正是奴隶制与专偶制的并存，正是完全受男子支配的年轻美貌的女奴隶的存在，使专偶制从一开始就具有了它的特殊的性质，使它成了只是对妇女而不是对男子的专偶制。”“专偶制是不以自然条件为基础，而以经济条件为基础，即以私有制对原始的自然产生的公有制的胜利为基础的第一个家庭形式。”[①]专偶制亦即一

---

① 《马克思恩格斯选集》第4卷，中共中央编译局编，北京：人民出版社1995年版，第34、36、38、43、44、59、60、63页。

夫一妻制，它是由于父权制和私有制的结合而产生的，因此是片面的。只有妇女解放，男女平等，消灭私有制，重新确立公有制，全面的一夫一妻制形式才能实现，那时，婚姻家庭才能完全以爱情为基础。

但是，婚姻仅有爱情是不够的。爱情（性爱）是男女之间身心一致的共鸣，是两性之间灵肉一致的结合。而婚姻则是夫妻之间的权利和义务的某种契约关系。但是这种契约关系是神圣的，是由上帝或者双方父母、亲友作见证的。爱情是浪漫的、激情的诗歌，婚姻是现实的、理性的散文。婚姻是爱情的坟墓。——这是将婚姻还原为爱情所必然得出的结论。在钱钟书小说《围城》中，有这样两个比喻：一是英国古话，“结婚仿佛金漆的鸟笼，笼子外面的鸟想住进去，笼内的鸟想飞出来；所以结而离，离而结，没有了局。”一是法国古话，将婚姻比喻为“被围困的城堡fortresse assiégée，城外的人想冲进去，城里的人想逃出来。”[①]所有步入婚姻殿堂的男人和女人，若要摆脱这种命运，就要懂得一个道理：婚姻并不等于爱情。婚姻将爱情亲情化，它使两个人成为一个命运共同体，同呼吸、共命运，并且在这个命运共同体中，共同哺育第三人。

家庭具有多方面的功能。传统家庭既是人口生产和再生产的基本单位，又是物质资料生产和再生产的基本单位。亚里士多德《家政学》（*Oikonomika*）就是最初的经济学，说明传统

---

① 钱钟书：《围城》，北京：人民文学出版社1980年版，第96页。

家庭是一个基本的经济单位，经济事务从家庭转移到国家是后来的事情，“政治经济学”取代“家政学”是这一历史转向的表现。现代家庭已经基本消除了物质资料生产和再生产的功能（当然家庭还有理财事务，部分家庭还有经营事务），仅仅保留了人口生产和再生产的功能。所谓人口生产和再生产，一是生育，二是养育，三是教育，其中家教是最根本、最重要的。家庭早于学校之前构成了教育的基本单位，不仅学龄前儿童要依靠家教，即使进入学校以后，孩子仍然受到家庭熏陶，家庭应当和学校、社会共同承担培养孩子的责任。中国传统是非常注重家学渊源的，家学氛围、父母和其他家庭成员的教育，对孩子的成长起到了至关紧要的作用。

在中国传统社会，家庭组成家族，家族是若干家庭构成的集合体，例如曹雪芹在小说《红楼梦》中所描述的四大家族，每一大家族均由若干小家庭构成，形成一种嵌套式结构。因此，中国传统社会与其说以家庭为基本单元，不如说以家族为基本单元。家国一体、君父一体、伦理政治不二。在希腊古代社会，家庭关系包括夫妇关系、父母子女关系、主奴关系。亚里士多德将家庭和城邦（城市国家）划分开来，认为家庭是私人领域，城邦是公共领域，由此划分私人生活和公共生活的界限。他把奴隶看成是主人的工具和财产；未成年子女人身依附于父母；妻子对于丈夫既具有一定人身依附性，夫妻之间又是一种自由人之间的关系。

在现代社会，家庭中的主奴关系已不存在，诸如保姆等人并非家庭成员，他们与雇主的关系乃是一种劳动契约关系。未成年子女和父母的关系也不具有人身依附性，父母对于未成年子女具有抚养义务和教育责任，成年子女对于父母具有赡养义务。这种权力义务关系并不完全等于契约关系，在本质上属于自然关系。夫妻之间、父母与成年子女之间的关系是完全自由平等的关系。在我们国家，“五四”之后，传统家庭伦理逐步被现代家庭伦理所取代。现代家庭伦理之所以取代了传统家庭伦理，是因为现代家庭取代了传统家庭。现代家庭的基本形式是核心家庭，是两代人构成的小家庭。解构大家族，建构小家庭，是从传统家庭到现代家庭发展的基本趋势。总体而言，这种家庭有利于个人的自由发展，但是祖孙之间隔代关系的缺失，消减了天伦之乐，同时消解了代际间的孝道。其中独生子女家庭，由于兄弟姐妹关系的缺失，更进一步消减了天伦之乐，同时消解了同辈间的悌道。

除核心家庭外，现代家庭出现了多元化的趋势，形成了多样性的形态：一是单亲家庭，是由父母双方离婚或丧偶造成子女归属父亲或母亲而形成的家庭形式。单亲家庭的主要问题是子女不能得到父母双亲完整的爱，父爱或母爱的缺失不利于孩子的成长。无论怎样，父爱和母爱是不能完全相互替代的。二是丁克家庭，就是无儿无女。按照传统标准，丁克家庭丧失了家庭的更多功能，无儿无女在相当程度上失去了未来的希望，如果双方自愿选择，亦有可能成为更能够保障个人自由的家庭形式。三是单身家庭，是在未婚或离婚或丧偶且没有子女的情况下，一个人所构成的家庭形式。这便是现代家庭的底线形式。比照单亲家庭、丁克家庭，单身家庭几乎全盘失去了家庭的功能，这种家庭没有任何人与人的关系，只有一个人和其自我的关系。之所以仍然称为“家庭”，是因为除此之外它仍然具有居家生活的功能。作为一种自愿选择，单身家庭起码在形式上是个人自由程度最高的家庭，但是，人类两性结合和世代延续的功能在这样一种家庭形式中荡然无存。从这里我们就可以发现，现代个人自由已经走向极端，走向反面。单身家庭意味着家庭的消亡。

同居和分居是两种特殊的居家生活形式，同居是指不具有合法婚姻关系的男女长期共同生活；相反，分居是指具有合法婚姻关系的男女长期不共同生活。在许多情况下，同居虽然不具有名义婚姻，但可能具有事实婚姻，它构成某种家庭形式；相反，分居虽然具有名义婚姻，但可能不具有事实婚姻，它不构成任何一种家庭形式。

俗话说：“家和万事兴”。无论选择哪种居家方式，家人间的和谐相处是最为根本、最为重要的。托尔斯泰在小说《安娜·卡列尼娜》开篇便说：“幸福的家庭都是相似的；不幸的家庭各有各的不幸。”[①]家庭的幸福绝不取决于财富的多寡，虽然维持基本的生计是必须的。幸福的家庭就在于家庭的和谐，不幸的家庭就在于家庭的不和。和谐是温馨的第一要素。人的幸福不仅在于家的温馨，整个世界也是一个温馨的家：四海一家、天下一家；相反，人的不幸不仅在于世界是陌生、充满敌

---

① [俄]列·托尔斯泰：《安娜·卡列尼娜》上册，周扬译，北京：人民文学出版社1981年版，第2页。

意的，连自己的家也是陌生的，甚至充满敌意。

家庭幸福和事业成功正是人生美满的两大基本要素。假如二者不可兼得，绝大多数人们宁舍事业而取家庭，宁做幸福的凡人，不做成功的伟人。只有极少数和极个别的人们才会舍弃幸福家庭，成就事业。超越平凡，成就伟大，通常需要一个人忍受痛苦，需要一个人孤独奋斗。

现代家庭的多元化和多样性特征动摇了家庭的稳定性，其中最关键的是婚姻神圣性的丧失。自由结婚、自由离婚，使得夫妻关系从自然关系转化为契约关系。契约是可以自由缔结、自由解除的。第三者现象是家庭稳定性动摇的一个重要表现。婚外恋是恋外婚的补充形式。现代家庭的唯一正当性基础是爱情，离开爱情，婚姻家庭就失去了任何正当性。恩格斯说："专偶制完全肯定地将要失掉的东西就是，它因起源于财产关系而被烙上的全部特征，这些特征就是：第一，男子的统治，第二，婚姻的不可解除性。……如果说只有以爱情为基础的婚姻才是合乎道德的，那么也只有继续保持爱情的婚姻才合乎道德。不过，个人性爱的持久性在各个不同的个人中间，尤其在男子中间，是很不相同的，如果感情确实已经消失或者已经被新的热烈的爱情所排挤，那就会使离婚无论对于双方或对于社会都成为幸事。"[①]但是，以爱情为借口，频繁的结婚和离婚造成了家庭的危机，离间了骨肉的亲情，使得一夫一妻制名存

---

① 《马克思恩格斯选集》第4卷，中共中央编译局编，北京：人民出版社1995年版，第81页。

实亡，变成某种意义上的多夫多妻制，即使不是共时态的，也是历时态的多夫多妻制，是婚姻家庭形式的退化，甚至倒退到“杂乱的性关系的原始状态”。这是性资源的不公平的分配，在经济资源的不公正的分配基础上，加剧了社会的不正义，使其雪上加霜。

因此，夫妻相互忠贞是婚姻家庭的基石。西汉时期，司马相如一曲《凤求凰》赢得了卓文君的爱慕，由于受到卓父强烈阻挠，两人私奔，当垆卖酒（“文君当垆”“相如涤器”），直到卓父认可两人的爱情，终成夫妻。后来司马相如移情别恋，卓文君一曲《白头吟》劝其回心转意。两人和好如初，白头偕老。

愿有情人终成眷属，愿终成眷属的有情人携手走完人生的路途。南宋时期，陆游、唐婉两人自小青梅竹马，结婚之后相敬如宾，但陆母却棒打鸳鸯，拆散一对夫妻。陆游被迫另娶，唐婉被逼另嫁。《钗头凤》是两人离婚之后互相赠答的两首词，倾诉了他们刻骨铭心的夫妻情分。

生活在同一屋檐下，夫妻之间浑然一体，不分彼此。元朝管道升劝她的丈夫赵孟頫珍惜夫妻恩爱，赠他一首曲子。被她这首曲子所感动，丈夫打消了纳妾的念头。

你侬我侬，
忒煞情多；
情多处，
热如火：

把一块泥，
捻一个你，
塑一个我。
将咱两个，
一齐打破，
用水调和；
再捻一个你，
再塑一个我。
我泥中有你，
你泥中有我：
我与你生同一个衾，
死同一个椁。①

家是一个令人倍感亲切的寓所。这种亲切的秘密就在于，家不是一个被人类理智占领的制高点，而是人类感情开垦的处女地。和家人在一起，勿须算计利害得失，勿须计较是非对错。一切都已谅解，一切都将包容。居家始于筑造，终于作诗。因为人并不是居住在某一建筑里，家不是旅馆，人不在旅行。诚然我们可以在家里休闲，甚至在家里学习、工作、创业，但居家却不仅仅是学习、工作、创业、休闲。家有亲情，夫妻之间还有爱情，如果我们经常交心，父母子女之间也有友

① [元]管道升：《我侬词》。

情。正是在亲情、友情、爱情笼罩中，人诗意地栖居。

言为心声。只要心在，甚至无声胜于有声。正是在这一意义上，海德格尔认为，语言是存在的家园。这个“语言”是“思”，是“诗”，是心声，是情感表达。他说：

语言是存在之家。人居住在语言的寓所中。思想者和作诗者乃是这个寓所的看护者。[①]

① [德]海德格尔：《路标》，孙周兴译，北京：商务印书馆2001年版，第366页。

谈交际：四海之内皆兄弟

假如一个人不幸失去了亲情，也未获得友谊，更未获得爱情，无家可归或者有家难回，那么我们只要待人接物恭敬有礼，就能得到真情。

交际就是人与人之间的交往，个人的社会化过程就是一个不断与他人交往的过程。“交际”一词最早出现于《孟子》中：“万章问曰：‘敢问交际何心也？’孟子曰：‘恭也。’曰：‘却之却之为不恭，何哉？’曰：‘尊者赐之，曰：‘其所取之者，义乎，不义乎’，而后受之，以是为不恭，故弗却也。’曰：“请无以辞却之，以心却之，曰‘其取诸民之不义也’，而以他辞无受，不可乎？’曰：‘其交也以道，其接也以礼，斯孔子受之矣。’”朱熹注释“交际”：“际，接也。交际，谓人以礼仪币帛相交接也。”[①]这里展现了往来应酬的交际形式。我们可以这样理解：“交”是待人，“际”（即“接”）是接物。前者的原则是“道义”（“交以道”），后者的原则是“礼仪币帛”（“接以礼”）。若将“礼仪”“币

①《孟子》“万章下”（[宋]朱熹注）。

帛”区分开来，便有两种交际形式。交际活动贯穿于其他生活形态中，无论学习、工作、创业、休闲，还是亲情、友谊、爱情、居家，都离不开交际。劳动是人与自然界之间的物质、能量、信息的变换过程，反映了主客体的关系。而交往则是人与人之间的物质、能量、信息的变换过程，反映了主体间的关系。两者既相互区别，又相互联系。因为劳动意味着人与人之间的分工与协作，所以就包含了交往。这样一个特点贯穿于学习、工作、创业、休闲与交际的关系中。在广义上，交际包括亲人、友人、爱人、家人相互交往；在狭义上，交际是指与上述四种人之外其他人的交往，因此既有私人生活的领域，又有公共生活的领域。

孔子的一位弟子感叹：“人皆有兄弟，我独亡。”另外一位弟子子夏宽慰他说：

> 死生有命，富贵在天。君子敬而勿失，与人恭而有礼。四海之内，皆兄弟也。君子何患乎无兄弟也？①

并非一切都是听天由命，我们不要辜负了自己的一生。假如一个人不幸失去了亲情，也未获得友谊，更未获得爱情，无家可归或者有家难回，那么我们只要待人接物恭敬有礼，就能得到真情。“海内存知己，天涯若比邻。”②“莫愁前路无知

---

①《论语》“颜渊”。

② [唐]王勃：《送杜少府之任蜀川》。

己，天下谁人不识君。”[①]这是古往今来人生的信念和理想。

对于我们每个人而言，任何人或是生人，或是熟人。不认识的人是生人，认识的人是熟人。由于认识的程度不等，从生人到熟人之间形成一个差序结构。在我们的一生中，绝大多数人与我们不发生任何关系，他/她对于我们而言是完全的生人，因为我们关于他/她的信息为零。我们可能只知道他/她的存在，但并不知道他/她存在的具体样态。比如我认识你，知道你一定有父母；到了一定年龄，你可能有妻子或丈夫；再到一定年龄，你可能有儿子或女儿。但是，我不知道他/她们叫什么名字，长什么模样，等等。对于我而言，他/她们只是以某种与你相关联的身份抽象地存在着。现在中国总人口已经超过13亿，世界总人口已经超过70亿，在这个庞大数字中你所认识的人有多少？而又有多少人认识你？每个人平均认识多少人？有人通过调查，给我们提供了这样一个答案：250人。在茫茫人海中，这是沧海一粟。

刘心武在《什么都吃》一文中，认为“西方文化是‘性文化’，中国文化是‘吃文化’”，“这说法”“多少有那么一点道理”。他说：

> 我们把生活里接触的人大体上分为两类，一类是生人，一类是熟人。

---

① [唐]高适：《别董大》。

生人，因为不熟，所以，我们往往“不吃他那一套”，他也对我们“软硬不吃”；

熟人，因为熟了，所以我们有信心消化他，他也乐于容纳我们。

“熟人好办事”，我们中国的传统菜肴中很少生鱼片那类的东西，我们总是要把生的东西弄得烂熟才觉得好对付，一样菜如果“作生”了，那属于烹调中的败笔。

“一回生，二回熟嘛！”我们期待着互相视作熟人，彼此都熟，那就不仅“好说”，而且相处“有味儿”，不至于“中看不中吃”。

“熟人”相见，分外“眼青”——在备受青睐之时，也就相互要“吃”了！①

一个人进入另一个人的交际圈，从生到熟是一个渐进的过程。对于某一个人来说，所谓“生人”就是一个比较片面的人，仅仅以某个身份抽象地存在着。在绝大多数情况下，绝大多数人，譬如医生、护士、售货员、服务员等等，就是一个抽象的人。患者、顾客与他/她们打交道，彼此都是一个身份，并不知道其他信息（性别、年龄、相貌、身材是人们直观的和猜测的）。当然，医生、护士会把人们当作病人，给予人道主义关怀，但也只是某种病理类型，仍然不是某一特殊个体。反

---

① 《精美散文（人文·雅趣卷）》，王嘉陵、张育仁、吕选编，新疆青少年出版社1996年版，第158～159页。

之，对于某一个人来说，所谓“熟人”就是一个比较全面的人，以整个身心具体地存在着。在极少数情况下，极个别人，譬如老师、同学、领导、同事等等，就是一个具体的人。因为在某一特定时段内经常相见，时或交谈，除了身份之外，彼此知道其他信息，诸如姓名、性情之类。师生、同学之间尤其没有任何利益关系，他/她们之间感情更加朴素。当然，生人与熟人之间的划分是相对的。通常，在我们的表象和记忆中，熟人比生人更全面一些，但却比亲人、友人、爱人、家人更片面一些。生熟程度亦不完全对等，例如某些知名人物，公众熟悉他/她们，但公众对于他/她们来说却是陌生的。一种身份究竟构成生人还是熟人，是由生活方式来决定的。乡村里的邻居与城市里的邻居相比较，前者多半是个熟人，后者多半是个生人。这是因为城乡两种生活方式根本不同。

若要了解人与人之间交际的本质，就要了解人的本性。人性具有两个基本方面：一是利己心，表现为私人情感或特殊情感。这是经济人假设，所谓“经济人”就是追求利益最大化的理性人，亦即具有利己本性的人；二是同情心，表现为公共情感或普遍情感。这是道德人假设，所谓“道德人”就是具有同情心、正义感和人道情感的人。人在劳动实践中形成非公共理性、认知–工具理性，是主体性的表现；人在交往实践中形成公共理性、交往理性，是主体间性的表现。因此，交际具有两个基本面向：一是偏重于利益的交换，二是侧重于意见、情感、信息的交流。至于交际手段，或为语言，或为行为，或者二者兼而有之。

在某种意义上，交际就是博弈。博弈是理性人之间的交际。理性人具有推理和决策的能力，在面临给定的约束条件下最大化自己的偏好。理性人追求利益最大化。理性人在他/她们的一切行为中，总是倾向于用最小的支付来获取最大的效用，效率原则是理性人遵循的基本原则。博弈有完全信息静态博弈、不完全信息静态博弈、完全信息动态博弈和不完全信息动态博弈四种基本类型。博弈的结果是均衡，其中最为著名的是纳什均衡。纳什均衡是指参与人的一种策略组合，在该策略组合中，任何参与人单独改变策略都不会得到好处，亦即为了自身利益的最大化，没有任何单独的一方愿意改变其策略。我们称该策略组合为“纳什均衡”。囚徒困境是其中的一个经典案例：两人合伙犯罪被捕，但却缺乏足够证据定罪，除非两人当中至少一人供罪。警察将两人分别关押以防止他们串供或结成攻守同盟，并给他们同样的选择机会：如果两人都抵赖，每人都轻判1年；如果一人坦白一人抵赖，坦白者释放，抵赖者重判10年；如果两人都坦白，每人都判刑5年。每个囚徒都有两个可选项：坦白或抵赖。显然，不论同伙选择什么策略，每个囚徒的最优策略是坦白，如果B选择坦白，A选择坦白时支付为−5，选择抵赖时支付为−10，因而坦白比抵赖好；如果B选择抵赖，A坦白时支付为0，抵赖时支付为−1，因而坦白还是比抵赖好。这就是说，坦白是囚徒A的占优策略，同样是B的占优策略。这个策略组合就是纳什均衡。这里，博弈双方都清楚彼此可选策略以及不同策略的成本和收益，并同时进行选择，因此，囚徒困境属于完全信息静态博弈。值得注意的是，对于两个囚徒来说，其实双方都抵赖（支付−1），比双方都坦白（支付−5）

更有利，但是，由于各人追求自我最大利益，不顾他人利益，互不信任，最终得到了比较不利的结果。这就叫做“囚徒困境”，既揭示了个体理性与团体理性间的矛盾（追求个体利益的最大化往往不能实现团体的最大利益），也揭示了个体理性本身的内在矛盾（追求个体利益的最大化常常不一定能最终实现个体的最大利益）。

但是，理性人亦有各种情感，所谓利益最大化并不仅仅是指经济利益，而且包括政治利益、文化价值以及全部社会利益。这些利益是以某种价值信念为权重系数的。人与人之间的交往是有支出和收益的。这里的收益和支出一部分是物质层面的，一部分是精神层面的。有人偏重物质层面的得与失，有人侧重精神层面的得与失。之所以存在这样一种不同，是因为各人价值信念有别。其实，在人的一生中，比物质利益更宝贵的是精神快乐，助人为乐就是这种情形；比利益、快乐更宝贵的是人身自由，“不自由、毋宁死”，“生命诚宝贵，爱情价更高；若为自由故，二者皆可抛”[①]，就是这个意思；与利益、快乐、自由比，最宝贵的是人格尊严，“不食嗟来之食”，就是这种选择。

利益交换的基本模式是讨价还价，其目的是谋求利益——利益之增加或危害之减少。其实质是利益的分割，以实力为后盾，实质是实力的较量，是以力服人。意见、情感、信息交流的基本模式是求同存异、互通有无，其目的是谋求共识——共识之

① 白莽译文。引自《鲁迅选集》第3卷，北京：人民文学出版社1983年版，第166～167页。

增加或异见之减少；寻求共鸣——快乐之增加或痛苦之减少；增加知识，减少无知。它超越了利益的划分，以思想、感情、知识为背景，超越了实力的比较，是以理服人、以情动人。

作为四大或五大文明古国之一，中国具有五千年文明史，素有“礼仪之邦”之称。“礼尚往来。往而不来，非礼也；来而不往，亦非礼也。”[①]礼是中国人交际的规范。传统的礼是建立在亲疏贵贱关系基础上的，如夫妇、父（母）子（女）、君臣之礼等。孔子弟子有子有言：“礼之用，和为贵。”[②]礼是在一个差序结构中实现和谐秩序。譬如推己及人：“己欲立而立人，己欲达而达人。”“己所不欲，勿施于人。”[③]又如尊老爱幼：“老吾老以及人之老；幼吾幼以及人之幼。”[④]它们不仅超越了时间，过去适用，现在适用，将来也仍然适用，可谓颠扑不破；而且超越了空间，中国人适用，外国人也仍然适用，可谓放之四海而皆准。

“金规则”或“黄金法则”是体现在“各宗教”和“非宗教传统”中的共同原则。其奥秘是人们从人与人之间的交往实践中概括总结的关于人与人之间的社会关系的基本原则。它属于人际关系的四个层次之一：一是“铁规则”或“黑铁法则”——“以眼还眼，以牙还牙”，这是最低层次的复仇原则；二是“铜规则”或“青铜法则”——“像别人应受的一样

①《礼记》“曲礼上”。
②《论语》“学而”。
③《论语》“雍也”“颜渊”。
④《孟子》“梁惠王上”。

对待别人”，这是较高层次的互惠原则；三是“银规则”或“白银法则”——“自己不愿意那样被对待，就不要那样去对待别人”，这是次高层次的爱的原则，也有人认为它是最高层次的；四是“金规则”或“黄金法则”——“你愿意别人怎样待你，你就那样对待别人”（“正如你愿意别人那样待你，你就要那样待人”），这是最高层次的爱的原则，也有人认为它是次高层次的。后两种相比较，第三种（反面表述）具有消极的不作为特征，但同时又具有不干涉特征；而第四种（正面表述）则具有积极的作为特征，但同时又具有干涉特征。[①]好像正是基于这样一种考虑，通常“金规则”或“黄金法则”主要是“己所不欲，勿施于人！”而不是“己所欲，施于人！”

交际是一门艺术，有一些技巧。例如，卡耐基在《如何赢得朋友及影响他人》中提出了“与人相处的基本技巧”，包括三条基本法则：“不要去批评、指责或埋怨他人。”“发自内心地赞赏别人。”“激发他人强烈的渴望。”[②]但是，技巧毕竟是一些次要的事情，玩弄技巧，反而弄巧成拙。交际主要的是原则：一是尊重原则，既要尊重自己（自尊），也要尊重他人；二是真诚原则，尽职尽责，真诚待人；三是宽容原则，退一步海阔天空，忍一时风平浪静；四是互惠原则，既要满足对方需求，又能获得对方回报；五是理解原则，将心比心，换位

① 参见[美]H.T.D.罗斯特：《黄金法则》，赵稀方译，北京：华夏出版社2000年版，第64～66页。

② [美]戴尔·卡耐基：《如何赢得朋友及影响他人》，蒋岚译，北京：光明日报出版社2006年版，第21、38、60页。

思考；六是平等原则，既不要自惭形秽，也不能盛气凌人。

随着网络时代到来，虚拟交往成为时尚。“秀才不出门，便知天下闻”“运筹帷幄之中，决胜千里之外”现已成为平常事实。由此出现了许多“宅男”和“宅女”，在电子小屋中，足不出户。但是，虚拟交往不能替代实际交往，人虽可以被符号化，但符号终究不是人本身。因此，我们不能沉迷于虚拟交往中，从而消解与人们实际交往的能力，与蓬勃的社会生活和亲切的自然景观隔离，这样一种人生是无法忍受的。

但是，即使实际交往也不应该频繁。萨特有句名言：“他人就是地狱。”①交际虽然是必需的，但我们却不能在交际中丧失本性，迷失自我。交际可以分为这样几类：一是因与自我实现有关而必需的交际，譬如一些渗透于学习、工作、创业、休闲生活中的交际或者附着于亲情、友谊、爱情、居家生活中的交际；二是虽与自我实现无关但必需的交际，譬如一些往来应酬，若谢绝，则失礼；三是毫无意义和价值的交际，除了浪费自己的时间和精力之外，我们一无所获，这就应该拒绝。

交际只有与自我实现相一致，才有其意义和价值。在剧本《人民公敌》中，易卜生说：

> 世界上最有力量的人正是最孤立的人！②

---

① 参见《萨特文集》第5卷，沈志明、艾珉主编，北京：人民文学出版社2000年版，第147页。

②《易卜生文集》第5卷，潘家询译，北京：人民文学出版社1995年版，第400页。

谈机遇：太阳照常升起

人生就是无知之幕。我们只知道一般知识，不知道特殊信息。因为人生不可预测，人生才能令人诧异和困惑，才有意味和乐趣，人们才能生活。

人生旅途既有顺风的时候，也有逆风的地方，差异在于两者谁的比重更大而已。在顺风和逆风的更替中，必有一个转折点，机遇是由逆到顺的转折点。所谓机遇，就是契机、时机或机会，通常被理解为有利的条件和环境，偶然遇到的好运气。当我们处于顺风时，把握住机遇可以加速我们的人生进程，使我们的人生更加辉煌；当我们处于逆风时，把握住机遇能够改变我们的人生轨迹，使我们的人生充满希望。因此，我们一定要抓住机遇，抓住人生中一切有利于自身发展的条件，使之最大限度地发挥作用。但机遇常常与挑战并存，一次机遇往往也是一次挑战。所以，抓住机遇，就要迎接挑战。既是挑战，就意味着并无必胜的把握，还有失败的可能，意味着由顺到逆、不利因素的存在、偶然遭受的坏运气。这就要求我们尽可能地化消极因素为积极因素，化不利因素为有利因素。逆风中的人赢了挑战会柳暗花明，别有洞天；顺风中的人赢了挑战会锦上添花，海阔天高。对个人而言既是这样，对集体（小到家庭、单位，大到民族国家、人类社会）更是如此。

人生有成功有失败，有快乐有痛苦，有幸，也有不幸。各种事件是按照某种概率存在的，机遇或灾祸究竟降落在谁的头上，纯粹是偶然的。我们不必杞人忧天，不断努力必有希望。《圣经·旧约全书》说道：

一代人来，一代人走，大地永存。太阳升起，太阳落下，太阳照常升起。①

因此，机遇并不纯粹是客观的，它也包括我们对机遇的主观态度。当机遇到来时，如果我们盲目乐观，自以为稳操胜券，终究是竹篮打水。由于机遇总伴随着挑战，面对挑战，我们不能胆怯。马斯洛用“约拿情结”来指称我们在成功面前的这种畏惧心理，在我们最得志的瞬间，最得意的刹那，我们通常会惶恐，会害怕。约拿情结源于《圣经·旧约全书》中约拿的故事。约拿一直渴望得到上帝重用，可是当上帝对他委以

---

①《圣经·旧约全书》“传道书”第1章。原译：虚空的虚空，虚空的虚空，凡事都是虚空。人一切的劳碌，就是他在日光之下的劳碌，有什么益处呢？一代过去，一代又来，地却永远长存。日头出来，日头落下，急归所出之地。风往南刮，又向北转，不住地旋转，而且返回转行原道。江河都往海里流，海却不满；江河从何处流，仍归还何处。万事令人厌烦，人不能说尽。眼看，看不饱；耳听，听不足。已有的事，后必再有；已行的事，后必再行。日光之下，并无新事。岂有一件事人能指着说这是新的？哪知，在我们以前的时代，早已有了。已过的时代，无人记念；将来的时代，后来的人也不记念。原意是说“万事尽属虚空”。引文用于他意。

重托，派他传达旨意时，他却采取了逃避态度，放弃了神圣使命。约拿情结导致人们不敢做自己完全有能力做好的事，甚至逃避发掘自身潜力，实现自我潜能。中国古代的“叶公好龙”的故事也是这样。叶公喜欢似龙非龙的假龙，真龙一显现就把他吓跑了。面对挑战，我们同样不能悲观。妄自菲薄，于事无补。悲观就像瘟疫一样传染，削弱人的意志。人生最大的敌人其实是我们自己。须知“祸兮福之所倚，福兮祸之所伏”。[①]因此，我们应有对待机遇和挑战的正确态度：“宠辱不惊，闲看庭前花开花落；去留无意，漫随天外云卷云舒。”[②]

一般来说，机遇有一定的时效，所谓“机不可失，时不再来”。我们一定要及时抓住机遇，而抓住机遇的前提则是识别机遇。如果一个人没有识别机遇的能力，即便机遇眷顾他/她也是枉然。据说，有个人被洪水困在屋顶上，一个人划船经过，问他是否需要帮助，他拒绝了，说他相信上帝会救他；不久来了一艘摩托艇，也被他拒绝了；后又来了一架直升机，还被他拒绝了。这个人最后被洪水淹死了，见到上帝时抱怨上帝没有救他，上帝回答说：“我先后三次派人去救你都被你拒绝了。”

有时机遇非常隐蔽，仿佛跟你捉迷藏似的，伪装得不留痕迹，此时识别机遇尤其重要。据载，为了扩大市场，美国一家

---

①《老子》第五十八章。

② [明]洪应明：《菜根谭》二九五；[明]陈继儒：《小窗幽记》“集素”。

制鞋厂老板派一名市场经理到非洲一个孤岛调查，这名经理发现当地人都没有穿鞋的习惯，便给老板拍发电报："这里的居民从不穿鞋，此地无市场。"老板又派另一名市场经理去实地调查，这名经理见到当地人都不穿鞋，兴奋不已，也给老板拍发电报："此岛居民无鞋穿，市场潜力巨大，快寄一百万双鞋子过来。"同样的境况，由于两人思维方式的差异，做出了完全不同的判断。可见，能否发现机遇与我们的思维方式密切相关。

有时机遇是以复数形式呈现在我们面前的，我们只能选择其一，放弃其他。选择就意味着放弃。这就要求我们能够辨识机遇之于我们的益处和害处，权衡利弊，做出最合适的选择。一种选择决定一条生活道路，决定一种生活方式。我们今天的生活极有可能就是几年以前我们的一个选择所导致的结果。因此，选择十分重要。其中，不可逆的选择比可逆的选择更重要，可逆的选择还有修正错误的机会，不可逆的选择连修正错误的机会都没有，尤其应当慎重。但是，如何进行选择并无固定的模式或标准，因为不同的人会赋予同一要素以不同的权重，即便同一个人在不同的人生阶段也赋予同一要素以不同的权重，比如健康、感情、知识、金钱、权力、名声对一个人的重要性在不同阶段是不一样的。此外，在进行选择时我们不仅考虑自身的需要，还会考虑自身的能力。我们要选择在我们能力范围内能给我们带来最大利益的机遇，如同一个人在寻找另一半时，不仅考虑对方的情况，还会考虑自身的条件一样，我们总是在考虑自身条件的基础上选择一个适合我们的机遇。

在通常情况下，机遇形成一个链条，也就是说，只有抓住第一个机遇，才能抓住第二个机遇，依此类推。例如，在其他条件相同的情况下，只有取得更好的学习成绩才能获得更好的就业机会。反之，失去了第一个机会，也就失去了第二个机会，依此类推。人与人之间起初的差距很小很小，但是这种小小的差距不断累积，就会不断加大。在我们的生活里，确有某一些人似乎比另一些人更幸运。但是，机遇只垂青有准备的人，守株待兔和刻舟求剑不是我们对待机遇应有的态度。我们总喜欢把别人的成就归因于幸运，无视他们付出的努力；并把自己的失落归因于不幸，无视自身存在的不足。其实，机遇是可以创造的。创造当前的小机遇，就是为后来的大机遇做准备。倘若我们未被机遇垂青，那么至少在一定程度上说明我们准备得还不够。坚持到底，总有一天，幸运就会降临。谁笑到最后，谁笑得最好。普希金有一首诗说：

假如生活欺骗了你，
不要忧郁，也不要愤慨！
不顺心时暂且克制自己，
相信吧，快乐之日就会到来。

我们的心儿憧憬着未来，
现今总是令人悲哀：
一切都是暂时的，转瞬既逝，

而那逝去的将变为可爱。①

机遇是一个古老的话题，通常与命运这一主题相联系。中国传统的天命观就是其中一个表现。孔子关于“天命”未作出任何明确规定，而是强调天命对于人的不可知、不可说和不可为的神秘。孔子弟子子夏有言：“死生有命，富贵在天。”[①]在天命面前我们无能为力，但是在人事面前我们可以尽力而为。传统中国人除了信天之外，便是信命。孟子说：“莫之为而为者，天也。莫之致而致者，命也。”[②]庄子说：“知其不可奈何而安之若命，德之至也。”[③]听天由命是传统中国人的基本人生态度。但荀子却主张“制天命而用之”。[④]而墨子则主张“天志”“明鬼”“非命”。但是，中国传统的天命观是中国人的一种根深蒂固的信念，流传久远，不过其思想内涵经历了从殷周时代朴素的鬼神意志，到汉代神秘的天人感应，再到汉代以后非人格化的自然宿命的变化过程。

印度婆罗门教有所谓“业报”“轮回（转生）”和“解脱”说：“业”的特殊意义是祭祀活动，一般意义是行动、行为。“轮回”是指死后灵魂的转生，意即六道——地狱、畜生、饿鬼、人、天（神）和阿修罗（魔）——流转的继续；

①《普希金诗选》，查良铮译，南京：译林出版社2000年版，第202页。
②《论语》“颜渊”。
③《孟子》“万章上”。
④《庄子》“内篇·人间世（德充符）”。
⑤《荀子》“天论”。

“轮回”有二要义：一为身死而灵不灭；二为惩恶扬善，均在来生受报。“解脱”，意味出轮回超生死即烦恼业因的终止，是在破除业力桎梏、结束轮回转生后的一种超验境界。原始佛教的轮回转世和因果报应思想同样是一种决定论的命运观。64亿年是一个轮回，在这一历史长河中每个具体的人显得多么微不足道，生就是苦，还必须忍受无穷转世的无尽痛苦。在佛教对命运的解释中，行善得福、行恶得祸都被认为是前世的因所种下的果，而现世善恶的业力又带来后世福祸的果报，它打通了人的过去世、现在世与未来世，让人看到了今生行善的业力和来生享福的果报间的因果联系。因此，原始佛教是用出世的教义做着入世的事情。而生活派则认为宇宙和万物各种元素按照机械的自然的方式结合在一起，并受命定的支配。

希腊传统的命运观同样是决定论的命运观。希腊神话中有三位命运女神——克罗托、拉刻西斯、阿特洛波斯。她们住在奥林匹斯山上，各有分工，相互协作。最年幼的负责纺织生命之线，居中的决定生命之线的长短，最年长的负责切断生命之线。生命之线的长短就是人之寿命的长短，线一断，某个人生命就宣告完结了。三位女神既司掌着人的命运，也司掌着神的命运，连宙斯也不能违抗她们的支配和安排。希腊神话中的命运之神是对绝对权力最有效的制衡。

什么叫做“命运”？我们可以从两个层面来理解命运。从共相层面看，可以把“命”理解为一种决定人们内在必然性的趋势，把“运”理解为一种影响人们外在偶然性的干扰。因此，命运就是必然性与偶然性的结合。打一个比方说，人终有一死，这叫“命”；但是在什么时候死、在什么地方死以及怎样死，这叫“运”。比较而言，命是人们无法改变的，但运却是人们可以把握的。比如，虽然我们终有一死，但是我们可以通过锻炼、医疗诸如此类，活得健康、长寿、快乐、幸福。从殊相层面看，命运不是一种神秘的力量，而是现实的，它是一个人的性格。赫拉克利特说：“一个人的性格就是他的命运。”[①]所谓性格，是由遗传、环境以及其他因素内化和积淀而成的。一个人区别其他人的内在规定性是人们对周边环境的一种固定的反应模式，当环境和性格均取常值时，它们之间构成一种固定冲突。性格与环境的这种固定冲突就是命运，这种命运是可测量的和可预期的，这种测量和预期的方法不是一种迷信的算命，而是一种科学的预测。然而，即便是科学的预测，也只能预测内在必然的趋势，而不能预测外在偶然的干扰。

人生就是无知之幕。我们只知道一般知识，不知道特殊信息，如同赌博，我们只知道规则、自我和他人的角色，知道最后一定有人赢有人输，但却不知道究竟谁赢谁输，赢得怎样，输得如何。因为人生不可预测，处于无知之幕背后，人生才能令人诧异和困惑，才有意味和乐趣，人们才能生活。假如人生是倒着来的，就像影片倒着放一样，一开始就知道结局，生活

---

① 引自周国平：《尼采——在世纪的转折点上》，上海：上海人民出版社1986年版，第5页。

必将如同嚼蜡，毫无趣味。所以，在做每件事之前不必追求百分之百的可能，凡事只要有一定可能便不妨一试。假如一切都建立在万无一失的基础上，我们终将一事无成。

人生就是无知之幕，当幕布拉开后直播就开始了。它没有彩排，也不能修改。在实际生活中，对可以反复修改的东西和不能修改的东西我们的态度是完全不一样的。日本著名教育学家系川英夫曾做过这样一个实验：将学生分成两组，一组可以使用橡皮涂改作业中的错误，另一组只许在错误处用红笔打个叉。一段时间之后不使用橡皮的那组学生作业出错率大大低于使用橡皮的那组学生。有一位射击运动员，开始教练每天给他300发子弹进行训练，可是他训练起来总是漫不经心，射击成绩一直原地踏步。后来，教练改变训练方法，每天给他一发子弹。因为只有一发子弹可以发射，只有一次发射机会，所以训练起来他变得格外认真，丝毫不敢马虎，射击成绩突飞猛进，后来成为前苏联第一个奥运会射击冠军，他就是前苏联射击明星鲍格丹诺夫。人生不能修改。过去的已经过去，未来的尚未到来。我们不能改写过去的人生，但我们却可以在一定程度上掌控我们的未来，在人生舞台上谱写更华丽的乐章。

热爱你的命运，把握你的机遇，时刻准备着。在小说《钢铁是怎样炼成的》中，奥斯特洛夫斯基说：

人最宝贵的是生命。生命属于人只有一次。人的一生应该这样度过：当回忆往事的时候，他不会因为虚度年华而悔恨，也不会因为碌碌无为而羞愧；在临死的时候，他能够说：“我的整个生命和全部精力，都已经献给了世界上最壮丽的事业——为人类的解放而斗争。”人应当赶紧地、充分地生活，因为意外的疾病或悲惨的事故随时都可以突然结束他的生命。①

① [苏联]尼·奥斯特洛夫斯基：《钢铁是怎样炼成的》，梅益译，北京：人民文学出版社1980年版，第328页。

谈境界：高山仰止

从巅峰到深渊，从高山到低谷，人格高低、境界高下两极对应，好比天堂与地狱、上帝与魔鬼。现实生活尽管可以是非混淆、善恶颠倒，但历史审判却黑白分明。

境界是人生所实现的意义场域，亦即人格所达到的价值高度。人格价值与人生价值是不同的。人生价值是一个人在一生中所创造的价值总和，包括物质价值和精神价值，扣除他/她所享用的价值，就是一个人的人生价值。人格价值是一个人本身的价值，所谓人本身的价值，不是指生物学或生理学意义上的人的身体的价值，包括各种器官的价值，这种价值是把人还原为动物；人格价值同样不仅仅是指社会学和心理学意义上的人的价值，一个人在一个特定社会里为人们所承认的地位和影响，如他/她所拥有的财富、权力和名望等，及其在自我和他人的心理上的感受和体验，并不一定能够证明他/她的人格价值高下，这种价值高下是应当受到历史检验的。人们所享用的人生价值只有用于提高自身人格价值才有其正当性。人格价值是以一个理想人格为典范，将各种现实人格与之相比较衡量出来的。

在中国传统文化中，孔子是具有最高人格典范的所谓圣人。孔子在世，弟子颜渊这样感叹夫子："仰之弥高，钻之弥坚；瞻之在前，忽焉在后。夫子循循然善诱人，博我以文，约我以礼。欲罢不能，既竭吾才，如有所立卓尔。虽欲从之，末由也已。"[①]孔子辞世，弟子子贡这样捍卫夫子："譬之宫墙，赐之墙也及肩，窥见室家之好。夫子之墙数仞，不得其门而入，不见宗庙之美、百官之富。得其门者或寡矣。夫子之云，不亦宜乎！""仲尼不可毁也。他人之贤者，丘陵也，犹可逾也；仲尼，日月也，无得而逾焉。人虽欲自绝，其何伤于日月乎？多见其不知量也！""夫子之不可及也，犹天之不可阶而升也。夫子之得邦家者，所谓立之斯立，道之斯行，绥之斯来，动之斯和。其生也荣，其死也哀，如之何其可及也。"[②]在《史记》中，司马迁感叹孔夫子：

《诗》有之："高山仰止，景行行止。"虽不能至，然心向往之。[③]

当然，孔子这样一种形象不一定是现实的，而是被高度理想化的，是一个为人们世世代代所景仰的人格典范。司马迁还记载了孔子对于老子的评论："鸟，吾知其能飞；鱼，吾知其能游；兽，吾知其能走。走者可以为罔，游者可以为纶，飞

---

①《论语》"子罕"。
②《论语》"子张"。
③ [汉]司马迁：《史记》"孔子世家"。"高山仰止，景行行止"出自《诗经》"小雅·车舝"。

者可以为矰。至于龙吾不能知，其乘风云而上天。吾今日见老子，其犹龙邪！”[①]在中国传统文化中，老子是另一个人格典范。或圣、或仙、或佛、或神，诸如释迦牟尼、耶稣基督、穆罕默德等人就是各民族、各宗教所树立的最高人格典范。

中国传统文化，以儒家（孔孟之道）为核心，特别注重人生境界问题。道家、佛教同样倡导各自所理想的人生境界。相比而言，儒家入世、乐观；道家遁世、达观；佛教出世、悲观，但中国佛教，以禅宗为代表，却在一定程度上融合了儒道的精神。

在人生境界上，孔子认为，“中庸”是最高境界：“过犹不及。”“无可无不可。”其次是“狂狷”：“不得中行而与之，必也狂狷乎。狂者进取，狷者有所不为也。”最次是“乡愿”：“乡愿，德之贼也。”[②]对于孔子来说，为人中正，处世权变是最为高明的；无论积极有为，或者消极无为，均可接受；只有随大溜之类老好人不能认同。孟子提出了人生的这样几个境界：“可欲之谓善，有诸己之谓信，充实之谓美，充实而有光辉之谓大，大而化之之谓圣，圣而不可知之之谓神。”[③]

道家所追求的境界似乎比儒家更高远。庄子编了一段孔子与颜渊的对话：“颜回曰：‘回益矣。’仲尼曰：‘何谓也？’曰：‘回忘仁义矣。’曰：‘可矣，犹未也。’他

① [汉]司马迁：《史记》“老子韩非列传”。
②《论语》“先进”“微子”“子路”“阳货”。
③《孟子》“尽心下”。

日，复见，曰：‘回益矣。’曰：‘何谓也？’曰：‘回忘礼乐矣。’曰：‘可矣，犹未也。’他日，复见，曰：‘回益矣。’曰：‘何谓也？’曰：‘回坐忘矣。’仲尼蹩然曰：‘何谓坐忘？’颜回曰：‘堕肢体，黜聪明，离形去知，同于大通，此谓坐忘。’”①这就是道家以自然无为来反对儒家仁义礼乐的思想。坐忘就是达到了自然无为的最高境界。

惠能一字不识，礼拜禅宗五祖弘忍，成为门下弟子。弘忍命弟子作偈，凡悟大意者，传授衣法，以为六代。大弟子神秀作偈云：“身是菩提树，心如明镜台，时时勤拂拭，勿使惹尘埃！”而小伙计惠能则作偈云：“菩提本无树，明镜亦非台，本来无一物，何处惹尘埃！”结果，不是神秀，而是惠能成为弘忍衣钵传人（六祖）。②禅宗继承庄子、玄学，倡导世界和人生的审美化，艺术化，这就叫做“庄禅境界”。禅宗有三境界，第一境是“落叶满空山，何处寻行迹”，这是寻找本体而不得的情况；第二境是“空山无人，水流花开”，这是已破法执我执，似已悟道而实未的情况；第三境是“万古长空，一朝风月”。这也就是最高境界：“瞬刻中见永恒、刹那间见终古”。③

---

①《庄子》“内篇·大宗师”。

②[唐]惠能：《六祖大师法宝坛经》“行由”。在另一版本中，神秀偈或为“身是菩提树，心如明镜台，时时勤拂拭，莫使有尘埃！”惠能偈或为“菩提本无树，明镜亦无台，佛性常清净，何处有尘埃！”（“心是菩提树，身为明镜台，明镜本清净，何处染尘埃！”）（《南宗顿教最上大乘摩诃般若波罗蜜经六祖惠能大师于韶州大梵寺施法坛经》）

③三句分别出自[唐]韦应物：“寄全椒山中道士”；[宋]苏轼：“十八大阿罗汉颂”；[宋]普济：《五灯会元》“天柱崇慧禅师”。

近代以来，王国维的境界说、冯友兰的境界说，依然折射了中国传统文化的人格理想。

在《人间词话》中，王国维提出了著名的三境界说："古今之成大事业、大学问者，必经过三种之境界：'昨夜西风凋碧树。独上高楼，望尽天涯路'，此第一境也。'衣带渐宽终不悔，为伊消得人憔悴'，此第二境也。'众里寻他千百度。回头蓦见（当作'蓦然回首'），那人正（当作'却'）在灯火阑珊处'，此第三境也。"[①]

在《贞元六书》之《新原人》中，冯友兰提出了著名的四境界说："就大同方面看，人所可能有底境界，可以分为四种：自然境界，功利境界，道德境界，天地境界。""自然境界的特征是：在此种境界中底人，其行为是顺才或顺习底。此所谓顺才，其意义即是普通所谓率性。……所谓顺习之习，可以是一个人的个人习惯，亦可以是一社会的习俗。""功利境界的特征是：在此种境界中底人，其行为是'为利'底。所谓'为利'，是为他自己的利。""道德境界的特征是：在此种境界中底人，其行为是'行义'底。义与利是相反亦是相成底。求自己的利底行为，是为利底行为；求社会的利底行为，是行义底行为。""天地境界的特征是：在此种境界中底人，其行为是'事天'底。在此种境界中底人，了解于社会的全之

---

① 王国维：《人间词话》，徐调孚校注，北京：中华书局2009年版，第16页。三句分别出自[宋]晏殊：《蝶恋花》；[宋]柳永：《凤栖梧》；[宋]辛弃疾：《青玉案（元夕）》。

外，还有宇宙的全，人必于知有宇宙的全时，始能使其所得于人之所以为人者尽量发展，始能尽性。”[①]

王国维的“境界”是说做事，冯友兰的“境界”是说做人，待人接物、为人处世，均有境界高下。境界有高下之分，达到某一境界有难易之别。因此，较低境界是绝大多数人可以达到的，而最高境界则只有极少数、极个别人才能达到。这就叫做“曲高和寡”：“客有歌于郢中者，其始曰《下里》《巴人》，国中属而和者数千人。其为《阳阿》《薤露》，国中属而和者数百人。其为《阳春》《白雪》，国中有属而和者，不过数十人。引商刻羽，杂以流徵，国中属而和者，不过数人而已。是其曲弥高，其和弥寡。”[②]

人生境界是人格生成和发展的产物和表现。人格（个性）（Personality）一词来源于拉丁文persona（面具），后来引伸为人物、角色及其内心的特征，即其心理面貌。人格与个性都有广义和狭义之分。从广义上说，人格与个性是同义词，二者均指个人的一些意识倾向与各种稳定而独特的心理特性的总和，即个人的心理面貌。狭义的人格通常是指个人的一些与意识倾向性相联的气质、性格、爱好等的综合表现，甚至仅指个人的品德、操行。它既包含与意识倾向直接关联具有道德评价意义的特性，也包含与行为方式紧密关联的中性的特性。狭义的个性通常是指个人心理面貌中与共性相对的个别性，即个人

---

① 冯友兰：《新原人》，北京：三联书店2007年版，第45、47、48页。
② [战国・楚]宋玉：《对楚王问》。

独有的心理特性。人格（个性）主要不是先天遗传因素（基因）决定的，而是后天环境、教育、行为等等因素决定的。人格（个性）是个人人生经历的内化、积淀，是个人反映社会环境的结构、模式。人格生成和发展的三个阶段也就是人生的三种境界。人格（个性）的生成和发展依次（主要不是时间序列，而是逻辑序列）经历了性格、品格、风格三阶段：

第一，性格生成。在日常语言中，我们通常用“性格”来指称人格（个性）。一个人的性格是这个人的自我之为自我并与他者相区分的规定性。我们通常用“有（鲜明）”或“无（模糊）”“真（真实）”或“假（虚伪）”来描述一个人的性格所给予人们的印象，前者涉及自我与他者的关系，后者涉及现象与本质的关系。各种性格经过分类，形成各种性格类型（如所谓多血质、粘液质、抑郁质、胆汁质四种气质等）。其中，在个别性中反映了一般性的人格（个性），便是典型性格。这是一种特别具有认识意义和评价价值的人格（个性），为许多文学艺术作品所塑造，并且为人们所欣赏。性格即是命运。由于性格是个人回应社会环境的特定结构、模式，因而在其他社会约束条件不变的情况下，意味着个人与社会环境间的特有矛盾，在一定程度上决定了个人的人生前途（算命属于迷信，但人生前途却可以科学预测）。在性格阶段，自我确立并且与他者间表现了某种区别、对立的倾向。因此，性格是人格（个性）生成发展的真的阶段，是人生的初级境界。

性格养成是人格养成的起点或者初始阶段。人生首要在于确立自我，从而确立自我与他者的关系。在性格养成中，必须着重反对两种倾向：一是养成平庸性格；二是养成虚伪性格。所谓“老好人”“伪君子”，便是这两类人。平庸就是丧失自我，总是听别人话跟别人走，这一种人活着等于死了。因为他/她活的不是自己，而是别人。虚伪就是里面一套外面一套，欺骗别人等于欺骗自己，欺骗生活。因此性格养成在于养成独立的个性、真实的人格，说自己话走自己路，活出一个闪亮的自我来。唯一无二、绝假纯真，是性格养成的极致。

第二，品格生成。在日常语言中，“品”是“级”的意思。对于各种性格给以价值评价和意义评价，就形成了各种品格。这是一个按照某种标准展示的性格序列。这里的标准不是任何一种功利标准，而是伦理标准、道德标准。在品格阶段，自我与他者间表现了某种外在的联系和统一的倾向。因此，品格是人格（个性）生成发展的善的阶段，是人生的中级境界。

品格养成是人格养成的中点或者中间阶段。如果没有品格养成，那么，即使独立的个性、真实的人格也会走向极端，走向反面，“真小人”取代“伪君子”，便是一个例子。在性格养成中，努力倡导、维护好（善）的性格，预防、纠正坏（恶）的性格，便是品格养成。

第三，风格生成。风格是品格的极致。在风格阶段，自我与他者间表现了某种内在的联系和统一的倾向。换句话说，它们之间的关系达到了这样一个高度，以至二者融为一体。这是自我与他者的合一，现象与本质的合一，真与善的合一，美亦即自由的实现。因此，风格是人格（个性）生成发展的美的阶段，是人生的高级境界。

风格养成是人格养成的终点或者终结阶段。如果没有风格养成，那么，人们趋善避恶，一辈子做好事不做坏事，尽管可能是自觉自愿，积极主动的，实际仍然是外在律令的社会强制，而不是内在习惯的自然趋向。化外在社会强制为内在自然习惯，从而实现人的自由发展，便是风格养成。

总起来说，在人格生成的三个阶段和人的三种境界中，相比而言，性格是自然的，是自发形成的，是一种真；品格、风格是我们在社会生活中自觉努力达到的境界。但是，品格可以模仿，可望而又可及，是一种善；风格不可模仿，不可望而又不可及，是一种美——自由。我们在评价一个人的性格时，虽有不同，但无所谓高下；而品格则有高下之分，是一种分为各种品级的性格；风格是一种接近理想的典范，是可能成为一种风范的品格。这就好比登山，当处于性格阶段时，我们共处于一个地平线；当进入品格阶段时，有人爬上高山，有人落入低谷，有人攀上颠峰，有人坠入深渊；虽然所有人都能进入品格阶段，但是绝大多数人只能停留在这一阶段里，只有极少数、极个别人才能进入风格阶段，登上制高点。站得高，看得远。“孟子曰：‘孔子登东山而小鲁，登太山而小天下。”[①]“欲穷千里目，更上一层楼。”[②]“会当凌绝顶，一览众山小。”[③]

从巅峰到深渊，从高山到低谷，人格高低、境界高下两极

①《孟子》“尽心上”。
② [唐]王之涣：《登鹳雀楼》。
③ [唐]杜甫：《望岳》。

对应，好比天堂与地狱、上帝与魔鬼。现实生活尽管存在黑白，但历史审判却黑白分明。正如北岛在诗歌《回答》中所说：

> 卑鄙是卑鄙者的通行证，高尚是高尚者的墓志铭。[①]

---

①《北岛诗歌集》，海口：南海出版公司2002年版，第7页。

谈修养：灿烂星空

修养和学习是我们飞翔的双翼。自然赋予我们美好的素材，
我们还当给予艺术的加工。

修养过程就是人的素质提高过程。简单地说，有无修养就是有无素质，素质高低体现了修养程度的高低。人的综合素质包括人格，修养高低意味着人生境界的高下，一个人修养到什么地步就是到什么境界，一个人修养到最高地步就是到至上境界。

康德的墓志铭是这样一句话：

位我上者，灿烂星空；道德律令，在我心中。①

这就是说，我们只有按照心中的“道德律令”修养，才能达到人生的至高境界——“灿烂星空”。

① 有两样东西，我们愈经常愈持久地加以思索，它们就愈使心灵充满日新又新、有加无已的景仰和敬畏：在我之上的星空和居我心中的道德法则。（[德]康德：《实践理性批判》，韩水法译，北京：商务印书馆1999年版，第177页。）

在中国传统文化中，修养就是修身养性。所谓修身，就是以伦理道德来规范自身。《礼记·大学》提出“三纲领”“八条目”：“大学之道，在明明德，在亲民，在止于至善。……古之欲明明德于天下者，先治其国；欲治其国者，先齐其家；欲齐其家者，先修其身；欲修其身者，先正其心；欲正其心者，先诚其意；欲诚其意者，先致其知；致知在格物。物格而后知至，知至而后意诚，意诚而后心正，心正而后身修，身修而后家齐，家齐而后国治，国治而后天下平。自天子以至于庶人，壹是皆以修身为本。”[①]“三纲”“八目”都是先“内圣”（心性），后“外王”（政治），先后属于本末体用关系。“三纲”“八目”皆以修身为本，“修身”才能“齐家”，才能“治国”，才能“平天下”。这就是说，当每一个人以伦理道德来规范自身时，作为家长就能够治理好一个家，作为国君就能够治理好一个国，作为天下共主就能够平定天下。这就叫着“正己”“正人”：先正己，后正人。这样一个路线就是伦理——政治路线，政治以伦理为基础，家国一体、君父一体，国家以家庭为基础，君主制以家长制为基础，这是从修身的效用来说。另外从修身的方法来说，“修身”在于“正心”“诚意”“致知”“格物”。格物的“格”就是研究，格物的“物”不是物理之物、自然之物，而是人伦之物、社会之物。因此，格物所获得的知识不是自然知识，而是社会知识。用这种人伦知识来确定自己的意向，端正自己的思想，这就达到了

---

①《礼记》“大学”。

修身的目的。所以，在绝大多数情况下，修身是在伦理道德意义上提出的。简单地说，修身就是使自己成为正人君子，而不是小人。

修身的“身”是后天的和经验的，相反，养性的“性”是先天的和先验的。《礼记·中庸》指出：“天命之谓性，率性之谓道，修道之谓教。”《中庸》主张“慎独”“中和”：“喜怒哀乐之未发谓之中，发而皆中节谓之和。中也者，天下之大本也；和也者，天下之达道也。致中和，天地位焉，万物育焉。”“诚者，天之道也；诚之者，人之道也。”“自诚明，谓之性；自明诚，谓之教。诚则明矣，明则诚矣。”“唯天下之至诚，为能尽其性；能尽其性，则能尽人之性；能尽人之性，则能尽物之性；能尽物之性，则可以赞天地之化育；可以赞天地之化育，则可以与天地参矣。”“慎独”就是自律，用伦理道德来规范自身视听言动；“中和”就是中正平和，用理性来约束自身情欲；以至诚之心（“诚”），求完美德性（“明”）；由“尽人之性”到“尽物之性”，从而充分实现赞助天地化育万物（“赞天地之化育”）和人与天地并列为三（“与天地参”）的人的本质。《中庸》主张“成己”“成物”：“成己，仁也；成物，知也。”既成就自身（“成己”），也成就万物（“成物”），这是美德与知识的合一。“故君子尊德性而道问学，致广大而尽精微，极高明而道中庸，温故而知新，敦厚以崇礼。”[①]因此，养性并不等于修身。

①《礼记》“中庸”。

人能尽性，就是人的本性能够得到充分实现。养性必须顺性而为，不能逆性而为，在这个基础上发扬光大；而修身则是用伦理道德来规范人的思想、语言和行为。修身是通过外在的方式来改变后天的思想言行，而养性则是通过内在的方式去实现先天的本性。修身、养性，合二而一就是修养。

中国传统儒道互补，儒家偏重修身，道家侧重养性。儒家所谓“仁义道德”，是用于修身的伦理道德；道家所谓“自然无为”，是用于养性的生活哲学。中国传统儒释道三教合流，儒以治世，道以治身，佛以治心。“圣”是儒教倡导的人格典范，“仙”是道教倡导的人格典范，而“佛”则是佛教倡导的人格典范。

孟子自述：“我善养吾浩然之气。”孟子所谓“养气”，就是儒家所倡导的修身。孟子所养的“气”，不是一种自然之气，而是一种道德之气。“其为气也，至大至刚，以直养而无害，则塞于天地之间。其为气也，配义与道。无是，馁也。是集义所生者，非义袭而取之也。行有不慊于心，则馁矣。”“大丈夫”是孟子养气的最高境界：“居天下之广居，立天下之正位，行天下之大道，得志与民由之，不得志独行其道，富贵不能淫，贫贱不能移，威武不能屈，此之谓大丈夫。”[①]孟子所谓“浩然之气”就是理性自觉所形成的大无畏英雄气概，就是文天祥在《正气歌》中所倡导的“正气”：“浩然者，乃

---

①《孟子》“公孙丑上”“滕文公下”。

天地之正气也”。“天地有正气，杂然赋流形；下则为河岳，上则为日星。于人曰浩然，沛乎塞苍冥。皇路当清夷，含和吐明庭。时穷节乃见，一一垂丹青。在齐太史简，在晋董狐笔，在秦张良椎，在汉苏武节；为严将军头，为嵇侍中血，为张睢阳齿，为颜常山舌；或为辽东帽，清操厉冰雪；或为出师表，鬼神泣壮烈；或为渡江楫，慷慨吞胡羯；或为击贼笏，逆竖头破裂。是气所磅礴，凛烈万古存。当其贯日月，生死安足论。地维赖以立，天柱赖以尊。三纲实系命，道义为之根。”①讲气节，重操守，具有大无畏英雄气概的人就是孟子所谓“大丈夫”。

儒家注重伦理规范、道德修养，影响深远，形成了中国传统的士大夫精神，正如张载所谓“横渠四句”：“为天地立心，为生民立命，为往圣继绝学，为万世开太平。”②这种士大夫精神一直影响到了中国现代知识分子。鲁迅指出：“我们从古以来，就有埋头苦干的人，有拼命硬干的人，有为民请命的人，有舍身求法的人，……虽是等于为帝王将相作家谱的所谓‘正史’，也往往掩不住他们的光耀，这就是中国的脊梁。”③

庄子专门论述“养生”。庄子所谓“养生”，就是道家所倡导的养性。庄子所养的“生”，就是人的身心、性命。庄子通过“庖丁解牛”故事说明了养生的道理：庖丁解牛，“技进

---

① [宋]文天祥：《正气歌》。

② [宋]张载：《正蒙》“乾称”、《张子语录》“语录中”。原文：“为天地立志，为生民立道，为去圣继绝学，为万世开太平。”

③《鲁迅选集》第2卷，北京：人民文学出版社1983年版，第62页。

乎道”，从“所见无非全牛”到“未尝见全牛”，“以神遇而不以目视，官知止而神欲行。依乎天理，……因其固然”，[①]这就是养生的路径。“大宗师”是庄子养生的最高境界。道家所谓“道德”，就是得“道”，就是养性，比如追求个人与自然的和谐、个人与社会的和谐以及个人身心和谐。庄子所谓“大宗师”就是得道“真人”。“是之谓不以心捐道，不以人助天。是之谓真人。”“天与人不相胜也，是之谓真人。”[②]所谓“真人”，不为“道”尽心，不为“天”尽力，得意忘言，得意忘形，不再受到任何语言和形体方面的束缚，物我两忘，天人合一。

佛教主张从人生烦恼中解脱出来，达到精神寂静状态（涅槃），也是一种修养。佛教传入中国之后，受到儒道影响。禅宗倡导在日常生活中修身养性，就是其中一个重要表现。

总起来说，儒家立足社会政治生活，强调个人伦理道德修养，在修养问题上坚持积极导向；而道家、佛教则仅仅注重个人身心修养，相比儒家而言，虽然比较消极，但在修养问题上却起到了纠偏补弊的作用。

而今我们讨论修养，应当更加注重素质培养。作为实践和认识主体的个体，人的素质主要表现为实践和认识活动能力，表现为理智、情感、意志、信念（理想）及潜意识（本能）、习惯（定势）等等心理品质的总和。素质主要不是先天因素决

---

①《庄子》“内篇·养生主”。
②《庄子》“内篇·大宗师”。

定的，而是后天因素决定的。刘知几在谈论史学时曾说过："史有三长：才、学、识，世罕兼之，故史者少。"这里虽然只是讨论史学，对于人生同样适用。关于才、学、识三者之间的关系，刘知几比喻说："夫有学无才，犹愚贾操金，不能殖货；有才无学，犹巧匠无楩柟斧斤，弗能成室。"[①]袁枚亦比喻说："学如弓弩，才如箭镞，识以领之，方能中鹄。"[②]大致地说，德、才、学、能、识五方面构成人的基本素质。德即人格。除德外，还有四方面：

第一，才。在人的基本素质中，才的属性似乎是一种先天的品质，其实仍然是后天的。只是才的生成是一个自然的过程，是自发的和隐型的。中国古有"才高八斗"之说，是指三国时期魏国曹植，时人以为"天下才十斗，曹植占八斗。"才有两个方面：一是才智之才，二是才情之才，换句话说，一是智商（IQ），二是情商（EQ）。前者偏于理性，表现为高智商；后者偏于感性，表现为高情商。才有天才、人才、奴才几个等级。天才是才的最高境界，是人们无法效仿的；人才是才的中等境界，是人们通过努力可以达到的。之所以称某些人为"奴才"，是因为从人格角度来评价，有些人有才无德，丧失人格就是奴才。

第二，学。在人的基本素质中，学的属性无疑是属于一种后天的品质。学的生成是一个人为的过程，是自觉的和显型

---

① 引自[宋]欧阳修、宋祁：《新唐书》"列传·刘子玄"。
② [清]袁枚：《续诗品》"尚识"。

的。中国古有“学富五车”之说，是指战国时期宋国惠施读了或者著了五车的书，这在当时是很大的学问。学的含义就是掌握事实知识、原理知识，就是培养认识能力。我们通常所谓学术，其中学是理论知识，术是应用能力。我们通常所谓学习，一种是经验知识的习得，一种是理论知识的学成。在前者，“世事洞明皆学问，人情练达即文章。”[①]在后者，任何一个知识命题都有两个方面构成：一是知识的经验内容，亦即在经验上可以证实或证伪的内容，这一方面由科学提供。二是知识的逻辑形式，亦即在逻辑上可以判明正确或错误的形式，这一方面由逻辑构造。学的素质应该包括三方面：功底、功力和功夫。功底是知识积累的程度，功力是驾驭知识的能力，功夫是知识掌握的细节。古往今来，大学问家通常集三者于一身。

第三，能。无论就其属性，还是就其生成来说，能的特征介于才和学之间。能的含义就是掌握技能知识、人际知识，培养实践、劳动、交往以及其他行为能力。能力包括体能、智能两个基本方面。在每一事件中，人或为当事人，或为旁观者；当事人或为策划人、或为追随者；或者一身二任、三任。因此，人的能力应该包括三种：领导力、执行力和评判力。正如三种身份一样，三种能力是相对而言的。比如韩信执行力（“将兵”）强于刘邦；刘邦领导力（“将将”）强于韩信。所谓“当局者迷，旁观者清”，战国时期赵国“纸上谈兵”的

① [清]曹雪芹、高鹗：《红楼梦》第五回“游幻境指迷十二钗 饮仙醪曲演红楼梦”。

赵括、三国时期蜀国“坐失街亭”的马谡都是只有（兵法）学问，没有（用兵）能力，有学无能，有评判力，无执行力和领导力。诸葛亮“舌战群儒”，其中斥责“夸辩之人，虚誉欺人：坐议立谈，无人可及；临机应变，百无一能”，乃是“畏强凌弱，惧刀避剑之人”。有人“请问孔明治何经典？”孔明答道：“寻章摘句，世之腐儒也，何能兴邦立事？……——岂亦效儒生，区区于笔砚之间，数黑论黄，舞文弄墨而已乎？”其结论是：“儒有君子小人之别。君子之儒，忠君爱国，守正恶邪，务使泽及当时，名留后世。——若夫小人之儒，惟务雕虫，专工翰墨；青春作赋，皓首穷经；笔下虽有千言，胸中实无一策。”[①]所谓“君子之儒”与“小人之儒”的界限，除了道德高下之外，正是能力与学问的区分。古往今来，大事业家能力尤其超群出众。

第四，识。所谓见识，就是一种洞察力、决断力，知往鉴来，知微见著等等。识时务者为俊杰，尤其说明了识的重要性。战国时期越国勾践的两位大臣——范蠡和文种，范蠡功成身退，文种功成身败，在于两人见识高下；楚汉相争，刘邦胜、项羽负，在于他们二人能否识人用人；“汉初三杰”——萧何、张良知所进退，而韩信则不知进退，最终落得了“鸟尽弓藏、兔死狗烹”的下场。识包括谋识和断识。谋是计谋、审时度势；断是决断、当机立断。所谓“房谋杜断”是指唐太宗

① [明]罗贯中：《三国演义》第四十三回“诸葛亮舌战群儒　鲁子敬力排众议”。

的两位大臣——房玄龄多谋，杜如晦善断，能人合作，天作之合。只有周密地谋才能成就断，只有正确的断才能成就谋。

各种基本素质之间相辅相成。但是，与各种素质相比较，识是贯通于才、学、能中的最根本和最重要的素质。而才、学、能、识四种素质又以德即人格为前提。

与学习一样，修养在人生中是贯穿始终的。学习是从知识角度说的，修养是从素质角度说的，两个方面相辅相成。人的先天差异很小，后天因为环境和教育的影响有别、学习和修养的努力程度不同，所以造成很大差异：在人格价值上，境界有高下；在人生价值上，贡献有大小。修养和学习是我们飞翔的双翼。自然赋予我们美好的素材，我们还要给予艺术的加工。正如屈原在诗歌《离骚》中所说：

纷吾既有此内美兮，又重之以修能。[①]

① [战国·楚]屈原：“离骚”。

结束语

星移斗转，沧海桑田。在万千变化中，始终不变的是希望。
青年永远是我们的希望。让春风吹拂每一寸光阴，让朝霞普照每一寸土地，
让青春感动所有的人心。

我们正在面临一场全面、深刻和持久的精神危机。

精神危机，亦即现代颓废主义思潮，表明人类对于自身的生存（生活的意义、价值和目的等等）产生了根本的、严重的、普遍的和持久的怀疑以至精神颓废。颓废主义是最完全、最彻底的虚无主义，是人对于包括人自身在内的一切真理性、价值性怀疑的现代主义。

当然，即使这样一个时期，由于某些精神刺激因素（如权力、金钱、食色——饮食男女等），某些人们一时处于精神兴奋状态仍然是可能的。但是，精神危机的局部的、暂时的缓和不能改变全局、常态。物质的丰富、身体的享受非但不能填补精神的空虚，而且还能起到反衬作用。

当今世界，危机重重。人类面临诸如人口爆炸、环境污染和核战争等等问题。但是比所有一切更严峻的是人类精神危机。可以预言，最有危害性和最有毁灭性的不是其他任何一种危机，而是人类精神危机！

精神危机作为一种潜在因素，几乎无时不有、无处不在。但精神危机作为一种现实，却只有在特定条件下才能发生。无论作为个体事件，还是作为群体事件、总体事件，精神危机往往取决于人们生存境遇的非常变故。但人们生存境遇的非常变故能否引发精神危机，却取决于人们的性格回应。人们的性格回应一旦失去应有张力，精神危机就会爆发。

比较而言，当代世界精神危机是迄今为止唯一具有人类总体意义的事件。这是一个严峻的时代课题：即在我们这个时代里，物质文明的发达和精神文明的危机、科学的昌盛和人生的危机等等二律背反问题。

毫无疑问，寻求走出这一精神危机的出路是当代人类文化精神建设的一项根本任务。在当代人类文化精神建设中，应当努力避免现有的两种极端倾向，在适度的平衡中进行伟大的综合。

在相当一段历史时期里，哲学失去了自己的本性：在概念–语词的巫术、游戏中遗忘了生活。在对待生活上，传统哲学是巫术式的，而现代哲学则是游戏式的。在传统哲学中，哲学家们运用自己所建立起来的一套话语（文本–符号系统），正如巫术一样，企图以虚幻的思想—语言来影响真实的生活。人们以为思想–语言比生活本身更真实，概念–语词比人物、事物本身更真实，但生活的铁律却粉碎了一切梦想和呓语。于是，在现代哲学中，哲学家们在思想–语言的碎片中开始了游戏的生涯。

如果说，原来我们以生活本身为虚幻，但却以关于生活的思想–语言为真实的话，那么，现在不论生活本身，还是关于生活的思想–语言，对于我们来说都是虚幻的。

但人的本性却无法在虚幻中生活。本来，哲学揭穿生活的虚幻，是以许诺真实的思想-语言为补充的。现在，哲学揭穿了自己编造的谎言、骗局，使人们陷于双重虚幻中无以自拔。

因此，现在是我们同所有以往哲学告别的时候了。但这种告别并不是拒绝任何一种人类精神文化遗产，而是建立在全面批判、继承、借鉴基础上的伟大综合。这种综合是人类精神自身的整合，是人类精神的两面——寻求本体王国与返回表象世界双重本性的整合。

总之，建立在宏伟综合基础上的伟大创新，应当以双重的真实来代替一重的和双重的虚幻。

年轻的朋友，让我们回到你们中间，回到青春！

青春是每一个人的美好时光，也是每个民族、国家曲折前进的转折时刻，更是整个人类、世界螺旋上升的颠峰时刻。在西方历史上，15～19世纪是西方文明的青春时期。文艺复兴、科学革命、宗教改革、思想启蒙，一切狂飙突进，一切胜利凯旋。青春旗号曾经在现代民族国家创立中高标远举。[①]在中国历史上，我们同样经历了一个类似的青春时期。

梁启超最早提出“少年中国”，主张“新民”。“五四”时期是中国的文艺复兴，是中国的思想启蒙。陈独秀以“新青年”相号召。李大钊提出“青春中华”“少年中国”，时常在“新”与“旧”“今”与“古”两极概念中标举青春旗号。1919年“五四”运动不仅标志着中华民族、中国人民的觉醒，

① 著名者有：少年意大利、青年德意志和青年土耳其。

尤其标志着中国青年的觉醒。正是在这一意义上，五月四日成为中国青年节。[①]“五四”时期所标举的青春主题成为一个世纪以来中国历次革命——从民族革命、政治革命、社会革命到文化革命——的不竭源泉和不息动力。鲁迅关于批判“国民劣根性”，改造“国民性”的主张及其“文明批评”和“社会批评”，也就是“五四”精神的发扬广大。毛泽东充满了“五四”时期的青春气息，他的“千秋功罪”是执着于这样一种精神氛围中的产物和表现。

星移斗转，沧海桑田。在万千变化中，始终不变的是希望。青年永远是我们的希望。我们将这一本小书奉献给所有青年人，希望每个青年人首先青春化自我，然后青春化每个人，让春风吹拂每一寸光阴，让朝霞普照每一寸土地，让青春感动所有的人心。青春万岁！

故今日之责任，不在他人，而全在我少年。少年智则国智，少年富则国富，少年强则国强，少年独立则国独立，少年自由则国自由，少年进步则国进步，少年胜于欧洲，则国胜于欧洲，少年雄于地球，则国雄于地球。红日初升，其道大光。河出伏流，一泻汪洋。潜龙腾渊，鳞爪飞扬。乳虎啸谷，百兽震惶。鹰隼试翼，风尘吸张。奇花初胎，矞矞皇皇。干将发

---

① 1939年3月，中国共产党领导的陕甘宁边区西北青年救国联合会规定以五月四日（1919年“五四”运动纪念日）为中国青年节。1949年12月，中华人民共和国中央人民政府政务院正式宣布以五月四日为中国青年节。中国国民党起初规定以五月四日为青年节，1954年改定以三月二十九日（1911年广州黄花岗革命烈士纪念日）为青年节。

硎，有作其芒。天戴其苍，地履其黄。纵有千古，横有八荒。前途似海，来日方长。美哉我少年中国，与天不老。壮哉我中国少年，与国无疆。[①]（梁启超《少年中国说》）

青年如初春，如朝日，如百卉之萌动，如利刃之新发于硎，人生最可宝贵之时期也。[②]（陈独秀《敬告青年》）

总之，青年之自觉，一在冲决过去历史之网罗，破坏陈腐学说之囹圄，勿令僵尸枯骨，束缚现在活泼泼地之我，进而纵现在青春之我，扑杀过去青春之我，促今日青春之我，禅让明日青春之我。一在脱绝浮世虚伪之机械生活，以特立独行之我，立于行健不息之大机轴。袒裼裸裎，去来无罣，全其优美高尚之天，不仅以今日青春之我，追杀今日白首之我，并宜以今日青春之我，豫杀来日白首之我，此固人生唯一之薪向，青年唯一之责任也矣。[③]（李大钊：《青春》）

---

①《梁启超文选》，王德峰编，上海：上海远东出版社2011年版，第36～37页。

②《德赛二先生与社会主义——陈独秀文选》，吴晓明编选，上海：上海远东出版社1994年版，第1页。

③《向着新的理想世界——李大钊文选》，高瑞泉编选，上海：上海远东出版社1995年版，第60～61页。

后记

这部著作的思路15年前就形成了，当时还发表了两篇相关论文，一篇是关于“生命人学”的，一篇是关于“精神危机”的，其中想法反映在本书“开场白”“意义篇”“价值篇”和“结束语”中。我对海子诗歌颇为钟爱，尤其欣赏“青春就是真理”这一句话，有一点像海德格尔阐释荷尔德林诗歌那样，曾经专门以这样一个主题发表演讲。

我和夏年喜的第一次合作是《作为公民教育和对话教育的哲学教育》一书（其中有关“人格教育”“素质教育”核心论点也被移用于本书“境界篇”“修养篇”中），比较满意，所以就第二次合作了：起先由我拟订提纲；然后主要由她撰写“励志”“休闲”“居家”“交际”“机遇”五篇，从“开场白”到“结束语”，包括“意义”“价值”“学习”“工作”“创业”“亲情”“友谊”“爱情”“境界”“修养”十篇主要由我撰写；最后由我统稿。

每篇文章不管怎样，我们都是尽心尽力，包括标题、正文、引文、注释都是斟酌取舍，反复核对权威版本。因为面对青年朋友，所以我们认真对待。需要说明的是：第一，本书的论点仅仅是一家之言，其中反映了作者的人生感悟，并不准备强加于人；第二，本书所选用的材料，诸如文本、故事之类，反映了作者过去的人生阅历，仅供现在或将来青年的参考。

感谢中国青年出版社彭明榜先生，没有他的关心，这一本书也是不可能完成的。本书一旦问世，它的命运就由读者来决定了。我们尤其期待广大青年朋友的阅读和批评。假如我们和青年朋友有什么共识，我们是非常高兴的，因为这意味着我们还和大家一样年轻；假如我们和青年朋友有什么分歧，我们相信，在绝大多数情况下，你们比我们更接近真理，因为“青春就是真理”。

程广云

2013年4月5日于北京